山大草木图志

（中心校区和洪家楼校区）

张淑萍　纪红　郭卫华　隗茂杰　王蕙　编著

山东大学出版社

图书在版编目（CIP）数据

山大草木图志：中心校区和洪家楼校区/张淑萍等编著.--济南：山东大学出版社，2021.1（2021.9重印）
ISBN 978-7-5607-6737-6

Ⅰ.①山… Ⅱ.①张… Ⅲ.①山东大学-植物志-图集 Ⅳ.①Q948.525.21-64

中国版本图书馆CIP数据核字（2020）第188906号

责任编辑　傅　侃
装帧设计　王　旭

出版发行	山东大学出版社
社　　址	山东省济南市山大南路 20 号
邮　　编	250100
电　　话	（0531）88363008
经　　销	新华书店
印　　刷	东港股份有限公司
规　　格	787 毫米 ×1092 毫米　1/24　18.25 印张　155 千字
版　　次	2021 年 1 月第 1 版
印　　次	2021 年 9 月第 2 次印刷
定　　价	120.00 元

《山大草木图志（中心校区和洪家楼校区）》
编 委 会

主 任 张淑萍 纪红 郭卫华 隗茂杰 王蕙

成 员 （以姓氏笔画为序）

包诗为 甘文浩 刘若琳 许志豪 李庆庆 吴雪菡

陈 钰 张廷靖 张晓政 盛伟豪 靳亚琦

总序

　　山东大学生命科学学院张淑萍老师、郭卫华老师、王蕙老师，儒学高等研究院纪红老师、研究生隗茂杰同学，药学院赵宇老师等，本着对山大之爱，齐力编著《山大草木图志》。茂杰嘱我写篇序，不好推辞。

　　与人类共生的是植物和动物，所以古书中记载植物和动物特别多，先秦古书《山海经》《诗经》《楚辞》《神农本草经》就是记载植物、动物较多的名著。大约产生于西汉初年的语言学专书《尔雅》中有专门的篇目《释草》《释木》《释虫》《释鱼》《释鸟》《释兽》《释畜》，可见古代对植物、动物的研究已达到很高的水平。

　　植物与文化也有很密切的关系。《诗经》的名篇《桃夭》开头说："桃之夭夭，灼灼其华，之子于归，宜其室家。"又《蒹葭》篇说："蒹葭苍苍，白露为霜，所谓伊人，在水一方。"让读者心旷神怡。屈原《离骚》善写香草美人，东汉王逸《离骚序》中指出："《离骚》之文，依《诗》取兴，引类譬喻，故善鸟香草，以配忠贞。"朱熹《春日》诗："胜日寻芳泗水滨，无边光景一时新。等闲识得东风面，万紫千红总是春。"脍炙人口。郑板桥《竹石》诗："咬定青山不放松，立根原在破岩中。千磨万击还坚劲，任尔东西南北风。"毛主席词《咏梅》："俏也不争春，只把春来报。待到山花烂漫时，她在丛中笑。"赋予竹子和梅花以高尚品质。文化艺术界早就有"梅兰竹菊四君子""岁寒三友竹梅松"的说法，引来了大量相关的诗词书画作品，极大丰富了植物与中国文化关系的内涵。即使在农民当中，也蕴藏着大量植物与文化的趣事。在特殊的年代里，农业生产脱离科学，一位生产队社员数落庄稼："天天愁给你遮阳，萋萋芽给你挠痒痒，粪蛋子臭不着你，你为什么不长呢？""天天愁""萋萋芽"都是野草。"天天愁"有的地方叫"铁苋菜"，棵稍高，大叶，色紫。"萋萋芽"有的地方叫"萋萋菜"，棵矮，叶子有刺。说明田地里长草，又不施肥，还要责问庄稼为什么不长。这位农民诙谐而智慧的韵语，寓意深刻，不知采风者注意到没有。

《论语·阳货》记载了一段孔子的话："子曰: 小子何莫学夫诗? 诗可以兴，可以观，可以群，可以怨。迩之事父，远之事君。多识于鸟兽草木之名。"人与自然，人与草木鸟兽，有着相互依存的最密切的关系，认识你自己，就要认识自然，认识草木鸟兽。山东大学是我们师生学习生活的摇篮，校园的一草一木都与我们有着密切的关系。认识山大，认识山大的草木花卉，毫无疑问会增加我们的知识，还会培养高雅的情趣。这本《山大草木图志》早已超越了科学意义上的植物学属性，而被作者赋予了深厚的情感，真挚的爱。这是写这篇序的真实感受，也是生物学家、药物学家与儒学院师生跨学科合作的真正答案吧。

杜泽逊

（山东大学文学院院长，教授、博士生导师）

2020 年 5 月 8 日于济南

生态校园 草木青青

（序）

  草木皆植物也！草木共生，形成植被，意即植物的覆被，给大地披上绿装。植被，是陆地最显著的自然特征，也是古往今来人类和其他生物赖以生存的物质基础。没有绿色植物和植被，人类及绝大多数其他生物都难以繁衍生存，其重要性不言而喻！作为生态文明和绿水青山的物质载体，草木和植被的作用更是不可替代！大到地区、国家，小到社区、乡村和校园，没有草木，人们就体验不到春风杨柳、鸟语花香的春天，就看不到郁郁葱葱、溪流潺潺的夏天，更望不见漫山红遍、层林尽染的秋天，也想象不出雪压青松、梅花寒芳的冬天；没有草木，生态文明和绿水青山就是空谈，可持续发展也难以实现。

  山东大学中心校区和洪家楼校区的校园草木种类繁多，功能多样，既是涵育生态校园的绿色屏障和校园文化的组成，也是记录生态文明建设成果和城市园林发展趋势的生动样本。近20年来，伴随着美丽中国建设和生态园林理念的快速发展，校园植物组成也在悄悄发生变化，与本地自然生态和传统文化共生的青檀、皂荚、白梨、枣、柿树、望春玉兰、梅、杏、海棠等多功能乡土树种越来越多，正在逐渐取代功能单一的外来树种和园艺观赏植物，生态校园理念已成现实。草木青青、繁茂茁壮，引来多种鸟儿栖息，鸟语花香、春华秋实的生态校园也正在焕发出新的生机。

  本书作者和发起人张淑萍副教授，毕业于东北师范大学，本科期间奠定了坚实的环境科学和生态学基础。来到山大之后，跟我学习和从事生态学研究，从读研、读博到与我成为同事，从不太认识植物到现今耳熟能详、如数家珍，她的坚持、好学、朴实、严谨，让我有青出于蓝而胜于蓝之欣慰。她和来自儒学、文学、艺术和生态等学科的老师同学们历时三年完成了《山大草木图志（中心校区和洪家楼校区）》，自谦为小书，也体现了她乐于合作、谦逊求实的做人之道。

生态校园，草木青青！我们善待草木，草木也会以其繁根、绿叶、花香、硕果和更多的生态服务回报。校园植物，不管是无人知道的小草，还是小树林里的参天大树，都是山大校园文化的有机组成部分，是生态校园的守护者，也是历届学子难忘的记忆。百年山大，草木关情，每个山大人都应关心、爱护它们。希望《山大草木图志（中心校区和洪家楼校区）》这本小书，在认知校园植物、掌握植物知识等方面为师生和社会提供参考，在探索人与自然和谐共存、生态文明和生态校园建设中发挥更大作用。

王仁卿

（山东大学生命科学学院教授、博士生导师）

2020 年 5 月 6 日于青岛

使用
用
Introduction
「说
明」

1. 章节设置

本书共分为绿树成荫、芳华满树、灌木参差、藤蔓宛转、芳草萋萋五个部分，分别介绍林荫树、观花树、灌木、藤本和草本植物。林荫树主要涵盖了树高一般在10米以上的行道树（一球悬铃木、毛白杨、白蜡树等）、非赏花的庭园树（枫杨、榆树、桑、元宝槭等）和全部裸子植物（银杏、水杉、油松等）；观花树主要包括了以赏花为主的乔木和小乔木，如玉兰、梅、桃、木瓜、西府海棠、梨等。

2. 物种编排顺序

考虑到本书面向的读者以非生物专业的师生员工和普通读者为主，本书的物种编排未按照传统的系统分类学框架进行，而是把收录的物种分为林荫树、观花树、灌木、藤本、草本五大类，即绿树成荫、芳华满树、灌木参差、藤蔓宛转、芳草萋萋五章，便于读者理解和接受。每一章内，物种的排序按照开花时间，便于读者在观察植物时对照学习。对于开花时间接近的物种，则尽可能将同科属的物种放在一起，便于学习时比较鉴别。

3. 物种介绍

每一个物种的介绍包括1个物种信息页和1-5个图文页。物种信息页一般包括物种的中文名、中文别名、科属、拉丁学名、英文名、物种特征等基本信息和一张代表性照片。图文页一般包括一至多张突出植物部分形态特征（如花、果实、叶片、树皮等）的照片，或者该植物在不同物候期（展叶期、花期、果期）的特征照片，或者该物种形成的校园景观照片；同时，物种图文页多配有"师生感悟""识花攻略""植物文化""背景知识"等与该物种相关的文字内容。总体而言，物种信息页的信息性较强，图文页的欣赏性或探究性较强。物种信息页和图文页的使用说明见下页图示。

4. 索引

书后特别编制了书中涵盖物种的中文名索引和拉丁名索引，供广大读者参考检索自己感兴趣的植物。

中文名　　拼音

中文名出处

máo shān jīng zǐ

毛山荆子（《东北木本植物图志》）

辽山荆子（《河北习见树木图说》），棠梨木（吉林土名）——　**中文别名**

蔷薇科苹果属——————　**科属**

Malus mandshurica (Maxim.) Kom. ex Juz.——　**拉丁学名**

Manchurian crabapple　　　　　　　　　　　　　　　**英文名**

特征

特征：落叶乔木，高可达15米。叶片卵形、椭圆形至倒卵形，长5-8厘米，宽3-4厘米，边缘有细锯齿，基部锯齿浅钝近于全缘；叶柄长3-4厘米，具稀疏短柔毛；托叶叶质至膜质，线状披针形，早落。伞形花序，具花3-6朵，无总梗，集生在小枝顶端，直径6-8厘米；花梗长3-5厘米，有疏生短柔毛；苞片小，膜质，线状披针形，早落；花直径3-3.5厘米；萼筒外面有疏生短柔毛；萼片披针形，长5-7毫米，内面被绒毛，比萼筒稍长；花瓣长倒卵形，长1.5-2厘米，基部有短爪，白色；雄蕊30，花丝长短不齐，约等于花瓣之半或稍长；花柱4，稀5，基部具绒毛，较雄蕊稍长。果实椭圆形或倒卵形，直径8-12毫米，红色，萼片脱落；果梗长3-5厘米。

花期5-6月，果期8-9月。

用途

用途：我国东北华北各地常栽培作苹果或花红等果树砧木，也可供观赏。

位置

位置：洪家楼校区3号教学楼（A2）门前花园有栽培。

物种照片

识花攻略：本种枝叶形态与山荆子很相似，但本种叶边锯齿较为细钝，叶柄、花梗和萼筒外面具短柔毛，果形稍大，呈椭圆形，可以区别。

植物文化或师生感悟或
赏花攻略或植物知识

山大草木图志（中山校区和洪家楼校区）

商业及服务　图书馆
医院　银行
停车场　公交站
餐饮　自助银行

E 周边 Rim

E1. 山大路
E2. 山大南路
E3. 山大北路

B 道路 Road

B1. 厚德大道　B2. 明德大道
B3. 弘德大道　B4. 立德大道
B5. 成德大道　B6. 元圣路
B7. 农圣路　B8. 书圣路
B9. 工圣路　B10. 智圣路
B11. 法圣路　B12. 兵圣路
B13. 至圣路　B14. 亚圣路
B15. 科圣路

C 校门 School Gate

C1. 南门　C2. 北门
C3. 西门

本图来自山大文化网，由山东大学党委宣传部授权使用，略作修改。此图绘于 2018 年，在本书中仅用于指示草木分布位置，近期因部分学院搬迁导致的楼宇名称变更，已在物种描述中给予说明。

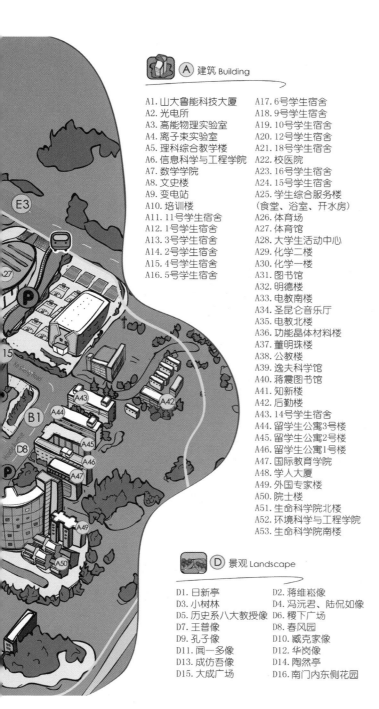

A 建筑 Building

A1. 山大鲁能科技大厦
A2. 光电所
A3. 高能物理实验室
A4. 离子束实验室
A5. 理科综合教学楼
A6. 信息科学与工程学院
A7. 数学学院
A8. 文史楼
A9. 变电站
A10. 培训楼
A11. 11号学生宿舍
A12. 1号学生宿舍
A13. 3号学生宿舍
A14. 2号学生宿舍
A15. 4号学生宿舍
A16. 5号学生宿舍

A17. 6号学生宿舍
A18. 9号学生宿舍
A19. 10号学生宿舍
A20. 12号学生宿舍
A21. 18号学生宿舍
A22. 校医院
A23. 16号学生宿舍
A24. 15号学生宿舍
A25. 学生综合服务楼
（食堂、浴室、开水房）
A26. 体育场
A27. 体育馆
A28. 大学生活动中心
A29. 化学二楼
A30. 化学一楼
A31. 图书馆
A32. 明德楼
A33. 电教南楼
A34. 圣昆仑音乐厅
A35. 电教北楼
A36. 功能晶体材料楼
A37. 董明珠楼
A38. 公教楼
A39. 逸夫科学馆
A40. 蒋震图书馆
A41. 知新楼
A42. 后勤楼
A43. 14号学生宿舍
A44. 留学生公寓3号楼
A45. 留学生公寓2号楼
A46. 留学生公寓1号楼
A47. 国际教育学院
A48. 学人大厦
A49. 外国专家楼
A50. 院士楼
A51. 生命科学院北楼
A52. 环境科学与工程学院
A53. 生命科学院南楼

D 景观 Landscape

D1. 日新亭
D3. 小树林
D5. 历史系八大教授像
D7. 王普像
D9. 孔子像
D11. 闻一多像
D13. 成仿吾像
D15. 大成广场

D2. 蒋维崧像
D4. 冯沅君、陆侃如像
D6. 稷下广场
D8. 春风园
D10. 臧克家像
D12. 华岗像
D14. 陶然亭
D16. 南门内东侧花园

中心校区手绘地图

山大草木图志（中山校区和洪家楼校区）

 商业及服务   图书馆

 医院   银行

停车场   公交站

邮局   自助银行

 交通   餐饮

  A 建筑 Building

A1. 9号教学楼
A2. 3号教学楼
A3. 政治学与公共管理学院（1号楼）
A4. 2号楼
A5. 学生公寓10号楼
A6. 学生公寓11号楼

A7. 学生公寓12号楼
A8. 学生公寓13号楼
A9. 学生公寓14号楼
A10. 食堂
A11. 浴室
A12. 艺术学院
A13. 外国语学院（7号教学楼

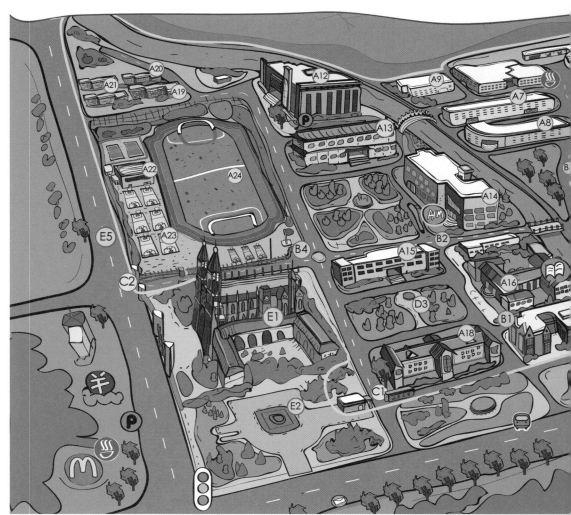

本图来自山大文化网，由山东大学党委宣传部授权使用。此图绘于2018年，在本书中仅用于指示草木分布位置，近期因部分学院搬迁导致的楼宇名称变更，已在物种描述中给予说明。

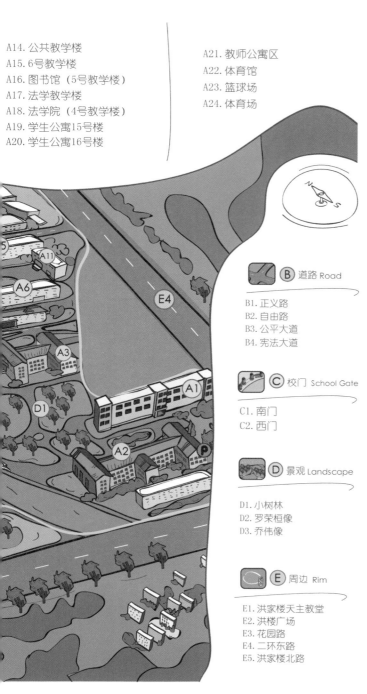

洪家楼校区手绘地图

目 录
Content

●
绿
树
成
荫
●

yín xìng

银杏 （《本草纲目》）

白果（《植物名实图考》），公孙树（《汝南圃史》），鸭脚子（《本草纲目》），鸭掌树（北京）

银杏科银杏属

***Ginkgo biloba* L.**

ginkgo

特征： 落叶乔木。叶扇形，有长柄，淡绿色，叉状脉。球花雌雄异株，单性，生于短枝顶端的鳞片状叶的腋内，呈簇生状；雄球花柔荑花序状，下垂，雄蕊排列疏松，具短梗。雌球花具长梗，梗端常分两叉，每叉顶生一盘状珠座，胚珠着生其上，通常仅一个叉端的胚珠发育成种子，风媒传粉。种子具长梗，下垂，常为椭圆形、长倒卵形、卵圆形或近圆球形，长2.5-3.5厘米，径为2厘米；外种皮肉质，熟时黄色或橙黄色，外被白粉；中种皮白色，骨质，具2-3条纵脊；内种皮膜质，淡红褐色；胚乳肉质，味甘略苦；子叶2枚，稀3枚，发芽时不出土。

花期3-4月，种子9-10月成熟。

用途： 为中生代孑遗的稀有树种，系我国特产，仅浙江天目山有野生状态的树木，作为用材和经济树种在温带地区广泛栽培，种子供食用（多食易中毒）及药用。叶可作药用和制杀虫剂亦可作肥料。

位置： 中心校区大成广场（D15）和公教楼（A38）南侧，洪家楼校区图书馆（A16）西侧。

谁在银杏树下
捡拾起翩翩心事
穿过金色年华　放进
青春的书页
（张淑萍）

yóu sōng

油松（河北）

短叶松（《中国植物志略》），红皮松（河北东陵），短叶马尾松、
东北黑松、紫翅油松（《东北木本植物图志》）

松科松属

Pinus tabuliformis Carrière

oil pine, China pine, tabularformed pine

特征： 常绿乔木，高可达25米；树皮灰褐色，裂成不规则的鳞状块
片，裂缝及上部树皮红褐色；冬芽矩圆形，芽鳞红褐色。针叶2针
一束，深绿色，粗硬，长10-15厘米，径约1.5毫米，边缘有细锯齿，
两面具气孔线。雄球花圆柱形，长1.2-1.8厘米，在新枝下部聚生成穗
状。球果卵形或圆卵形，长4-9厘米，有短梗，向下弯垂，熟时淡黄
色或淡褐黄色，常宿存树上数年之久；中部种鳞近矩圆状倒卵形，鳞
盾扁菱形或菱状多角形，鳞脐凸起有尖刺；种子卵圆形或长卵圆形，
淡褐色，长6-8毫米，径4-5毫米，有翅。

花期4-5月，球果第二年10月成熟。

用途： 可供建筑、电杆、造船、器具、家具及木纤维工业等用材。树
干可割取树脂，提取松节油；树皮可提取栲胶；松节、松针（即针
叶）、花粉均供药用。

位置： 中心校区邵逸夫科学馆（A39）前花园内。

　　《论语》中，孔子以松柏比德："岁寒然后知松柏之后凋。"《庄子》有写："大寒既至，霜雪既降，吾是以知松柏之茂也。"圣贤们对松柏如此推崇，让人动容。松柏精神，浩然之气，风骨长存。

（纪红）

bái pí sōng

白 皮 松 （通用名）

白骨松、三针松（河南），白果松（北京），虎皮松（山东），蟠龙
松（河北）

松科松属

***Pinus bungeana* Zucc. ex Endl.**

lace bark pine, bunge pine

特征： 常绿乔木。针叶3针一束，粗硬。雄球花卵圆形或椭圆形，多
数聚生于新枝基部成穗状，长5-10厘米。球果通常单生，初直立，后
下垂，成熟前淡绿色，熟时淡黄褐色，卵圆形或圆锥状卵圆形，长
5-7厘米，径4-6厘米；种鳞矩圆状宽楔形，先端厚，鳞盾近菱形，有
横脊，鳞脐生于鳞盾的中央，明显，三角状，顶端有刺；种子灰褐
色，近倒卵圆形，长约1厘米，径5-6毫米，种翅短，赤褐色，有关节
易脱落。

花期4-5月，球果翌年10-11月成熟。

用途： 心材黄褐色，边材黄白色或黄褐色，质脆弱，纹理直，有光
泽，花纹美丽。可供房屋建筑、家具等用材；种子可食；树姿优美，
为优良的庭园树种。

位置： 中心校区明德楼（A32）北侧至东南角。

白皮松的树皮其实不是白色，而是因淡褐色或灰绿色的老树皮片状剥落后露出淡黄绿色的新皮或粉白色的内皮而呈现褐、绿、白相间的斑鳞状，优雅秀丽。

（陶爱杰）

雪松的针叶在短枝上簇生，非常美丽。雄球花绿色卵圆形，成熟时小孢子叶张开，花粉散出，花粉金黄色；球果较为少见。

xuě sōng

雪 松 （通用名）

香柏（北京）

松科雪松属

***Cedrus deodara* (Roxb.) G. Don**

deodar, cedar, Himalayan cedar

特征： 常绿乔木，高可达50米，胸径可达3米。树皮深灰色，裂成不规则的鳞状块片；枝平展、微斜展或微下垂。叶在长枝上辐射伸展，短枝之叶成簇生状，针形，坚硬，淡绿色或深绿色，长2.5-5厘米，宽1-1.5毫米，叶之腹面两侧各有2-3条气孔线，背面4-6条。雄球花长卵圆形或椭圆状卵圆形，长2-3厘米，径约1厘米；雌球花卵圆形，长约8毫米，径约5毫米。球果成熟前淡绿色，微有白粉，熟时红褐色，卵圆形或宽椭圆形，长7-12厘米，径5-9厘米；中部种鳞扇状倒三角形，长2.5-4厘米，宽4-6厘米；苞鳞短小；种子近三角状，种翅宽大，较种子为长。雄球花常于第一年秋末抽出，次年早春较雌球花约早一周开放，球果第二年10月成熟。

用途： 有树脂，具香气，少翘裂，耐久用。可作建筑、桥梁、造船、家具及器具等用。雪松终年常绿，树形美观，亦为普遍栽培的庭园树。

位置： 中心校区大成广场（D15）、图书馆（A31）、洪家楼校区图书馆（A16）西侧。

　　上小学时校园中间有棵大雪松，有三层楼高，当时天真地以为这应该是济南市最高的雪松了吧！后来发现全然不是那么回事，比它高的大有树在。在山大三年，印象最深的还是图书馆前草地上那两株高大挺直的雪松，枝叶阴翳，球花壮硕，稳健而充满活力。

　　　　　　　　　　　　　　　　　　　　　　　　　　　　　　　　　　（隗茂杰）

jīn qián sōng

金钱松 （浙江）

金钱松（浙江），金松（浙江杭州），水树（浙江湖州）

松科金钱松属

Pseudolarix amabilis (J.Nelson) Rehder

golden larch, China golden larch

特征： 乔木。叶条形，柔软，镰状或直，上部稍宽。长枝之叶辐射伸展，短枝之叶簇状密生，平展成圆盘形，秋后叶呈金黄色。雄球花黄色，圆柱状，下垂，长5-8毫米，梗长4-7毫米；雌球花紫红色，直立，椭圆形，长约1.3厘米，有短梗。球果卵圆形或倒卵圆形，长6-7.5厘米，径4-5厘米，成熟前绿色或淡黄绿色，熟时淡红褐色，有短梗。

花期4月，球果10月成熟。

用途： 木材可作建筑用；树皮可提栲胶，入药俗称"土槿皮"；根皮亦可药用，也可作造纸胶料；种子可榨油。

位置： 中心校区邵逸夫科学馆（A39）前花园有种植。

攻略： 短枝上簇生的针叶平展成圆盘形，秋季变黄，似金色硬币。

攻略：短枝上簇生的针叶平展成圆盘形，秋季变黄，似金色硬币。

bái qiān

白杆（河北）

钝叶杉（《中国裸子植物志》），红扦云杉（《东北木本植物图志》），刺儿松（《经济植物手册》），毛枝云杉（《中国东北裸子植物研究资料》）

松科云杉属

Picea meyeri Rehder et E. H. Wilson

meyer spruce

特征： 乔木，高可达30米。树皮灰褐色，裂成不规则的薄块片脱落；大枝近平展，树冠塔形；小枝有密生或疏生短毛或无毛；冬芽圆锥形，基部芽鳞有背脊，上部芽鳞的先端常微向外反曲，小枝基部宿存芽鳞的先端微反卷或开展。主枝之叶常辐射伸展，侧枝上面之叶伸展，两侧及下面之叶向上弯伸，四棱状条形，微弯曲，长1.3-3厘米，宽约2毫米，先端钝尖或钝，横切面四棱形，四面有白色气孔线。球果成熟前绿色，熟时褐黄色，矩圆状圆柱形，长6-9厘米，径2.5-3.5厘米。

花期4月，球果9月下旬至10月上旬成熟。

用途： 可供建筑、电杆、桥梁、家具及木纤维工业原料用材。宜作华北地区高山上部的造林树种，亦可栽培作庭园树，北京庭园多有栽培。

位置： 明德楼（A32）北侧路南有栽培。

shuǐ shān

水 杉 （湖北利川）

杉科水杉属

Metasequoia glyptostroboides Hu et Cheng
dawn redwood, water larch, water fir

特征： 高大乔木，小枝下垂，幼树树冠尖塔形，老树树冠广圆形，枝叶稀疏。叶条形，交互对生而扭转，在侧生小枝上排成二列，羽状，冬季与枝一同脱落。球果下垂，近四棱状球形或矩圆状球形，熟时深褐色，长1.8-2.5厘米，径1.6-2.5厘米，梗长2-4厘米，其上有交对生的条形叶；种鳞木质，盾形，通常11-12对，交叉对生；种子扁平，倒卵形，间或圆形或矩圆形，周围有翅，先端有凹缺，长约5毫米，径4毫米。

花期2月下旬，球果11月成熟。

用途： 水杉为喜光性强的速生树种，可供房屋建筑、板料、电杆、家具及木纤维工业原料等用。树姿优美，又为著名的庭园树种，世界各地广泛栽培。

位置： 中心校区邵逸夫科学馆（A39）南侧花园、洪家楼校区图书馆（A16）西侧花园内。

植物故事：水杉是国家一级保护植物，为我国特有，是第三纪孑遗的活化石植物，20世纪40年代发现于四川的磨刀溪。水杉的发现和命名是中国植物学历史上的佳话，为其命名的著名植物学家胡先骕先生著有著名的长诗《水杉歌》。

yuán bǎi

圆 柏 （通用名）

桧（《诗经》），刺柏、红心柏（北京），珍珠柏（云南）

柏科圆柏属

Sabina chinensis (L.) Antoine

Chinese juniper

特征： 常绿乔木。树皮深灰色，纵裂，成条片开裂；幼树的枝条通常斜上伸展，形成尖塔形树冠，老则下部大枝平展，形成广圆形的树冠。叶二型，即刺叶及鳞叶；刺叶生于幼树之上，老龄树则全为鳞叶，壮龄树兼有刺叶与鳞叶。雌雄异株，稀同株，雄球花黄色，椭圆形，雄蕊5-7对，常有3-4花药。球果近圆球形，径6-8毫米，两年成熟，熟时暗褐色，被白粉或白粉脱落，有1-4粒种子；种子卵圆形，扁，顶端钝，有棱脊及少数树脂槽。

用途： 心材淡褐红色，边材淡黄褐色，有香气，耐腐力强。可作房屋建筑、家具、文具及工艺品等用材；树根、树干及枝叶可提取柏木脑的原料及柏木油；枝叶入药，能祛风散寒、活血消肿、利尿；种子可提润滑油。全国普遍栽培。

位置： 中心校区图书馆（A31）北侧路边、洪家楼校区图书馆（A16）周围。

lóng bǎi

龙柏 （《中国树木分类学》）

柏科圆柏属

***Sabina chinensis* (L.) Ant. cv. Kaizuca Hort.**

Chinese juniper 'Kaizuka'

特征： 常绿乔木。为圆柏的栽培变种。树冠圆柱状或柱状塔形；枝条向上直展，常有扭转上升之势，小枝密，在枝端成几相等长之密簇；鳞叶排列紧密，幼嫩时淡黄绿色，后呈翠绿色；球果蓝色，微被白粉。

用途： 长江流域及华北各大城市庭园有栽培，做行道树或绿篱。

位置： 公教楼（A38）、董明珠楼（A37）周围有栽培。

cè bǎi
侧 柏 （通用名）

黄柏（华北），香柏（河北），扁柏（浙江、安徽），扁桧（江苏扬州），香树、香柯树（湖北宣恩、利川）

柏科侧柏属

***Platycladus orientalis* (L.) Franco**

China arborvitae, oriental arborvitae

特征： 高大乔木。生鳞叶的小枝细，向上直展或斜展，扁平，排成一平面。叶鳞形，先端微钝。雄球花黄色，卵圆形；雌球花近球形，径约2毫米，蓝绿色，被白粉。球果近卵圆形，长1.5-2（2.5）厘米，成熟前近肉质，蓝绿色，被白粉，成熟后木质，开裂，红褐色。种子卵圆形或近椭圆形，顶端微尖，灰褐色或紫褐色，长6-8毫米，稍有棱脊。

花期3-4月，球果10月成熟。

用途： 可供建筑、器具、家具、农具及文具等用材。种子与生鳞叶的小枝入药，常栽培作庭园树。

位置： 洪家楼校区图书馆（A16）门前。

jiā yáng

加杨 （北方通称）

加拿大杨（《中国高等植物图鉴》），欧美杨、加拿大白杨、美国大叶白杨（《中国树木分类学》）

杨柳科杨属

***Populus × canadensis* Moench.**

Canada poplar

特征： 高大乔木。干直，树皮粗厚，深沟裂，下部暗灰色，上部褐灰色，大枝微向上斜伸，树冠卵形。芽大，先端反曲，初为绿色，后变为褐绿色，富粘质。叶三角形或三角状卵形，长7-10厘米，长枝和萌枝叶较大，长10-20厘米。雄花序长7-15厘米，花序轴光滑，每花有雄蕊15-25（40）苞片淡绿褐色，不整齐，丝状深裂，花盘淡黄绿色，全缘，花丝细长，白色，超出花盘；雌花序有花45-50朵，柱头4裂。果序长达27厘米；蒴果卵圆形，长约8毫米，先端锐尖，2-3瓣裂。雄株多，雌株少。

　　花期4月，果期5-6月。

用途： 木材供箱板、家具、火柴杆和造纸等用；树皮含鞣质，可提制栲胶，也可作黄色染料；又为良好的绿化树种。雄花序可食，开水焯熟后可调馅或拌炒。

位置： 中心校区1号学生宿舍（A12）、3号学生宿舍（A13）前栽培，作为行道树。

máo bái yáng
毛白杨 （《中国树木分类学》）

大叶杨（河南），响杨（《中国高等植物图鉴》）

杨柳科杨属

***Populus tomentosa* Carrière**

Canada poplar

特征： 高大乔木。树皮幼时暗灰色，壮时灰绿色，渐变为灰白色，老时基部黑灰色，纵裂。芽卵形，花芽卵圆形或近球形，微被毡毛。长枝叶阔卵形或三角状卵形，长10-15厘米，宽8-13厘米，短枝叶通常较小。雌雄异株，荑荑花序。雄花序长10-14（20）厘米，雄花苞片约具10个尖头，密生长毛，雄蕊6-12；雌花序长4-7厘米，苞片褐色，尖裂，沿边缘有长毛；子房长椭圆形，柱头2裂，粉红色。果序长达14厘米；蒴果圆锥形或长卵形，2瓣裂。种子微小，基部围有多数白色丝状长毛。

花期3月，果期4月（河南、陕西）至5月（河北、山东）。

用途： 树姿雄壮，冠形优美，生长快速，为广泛栽培的庭园绿化树种和行道树，也为华北地区速生用材树种，但雌株果实成熟后大量带有种毛的种子散出，形成杨絮，容易引起上呼吸道过敏。北京林业大学朱之悌教授课题组应用染色体部分替换和染色体加倍等技术繁育的三倍体毛白杨因为不能产生种子，解决了杨絮的问题，而且生长特性更加优良，被广泛推广应用。

位置： 中心校区邵逸夫科学馆（A39）西侧、洪家楼校区小树林（D1）和学生宿舍区。

yán lì

岩栎 （《秦岭植物志》）

壳斗科栎属

Quercus acrodonta Seem.
cliff oak

特征： 常绿乔木，高达15米，有时灌木状。小枝幼时密被灰黄色短星状绒毛。叶片椭圆形、椭圆状披针形或长倒卵形，长2-6厘米，宽1-2.5厘米，叶片中部以上有刺状疏锯齿，叶背密被灰黄色星状绒毛。花单性，雌雄同株，雄花序长2-4厘米，花序轴纤细，被疏毛，花被近无毛；雌花序生于枝顶叶腋，着生2-3朵花，花序轴被黄色绒毛。壳斗杯形，包着坚果1/2，直径1-1.5厘米，高5-8毫米；小苞片椭圆形，长约1.5毫米，覆瓦状排列紧密。坚果长椭圆形，直径5-8毫米，高8-10毫米；果脐微突起，直径2毫米。

花期3-4月，果期9-10月。

位置： 中心校区大成广场（D15）西侧花园有一株。

　　古人将早春初生的柳叶称为"柳眼"。据我在中心校区观察，柳的小芽苞在叶落之后已见端倪，但只有惊蛰前的柳芽才出落为最新的清新，远观如清烟，近看似眉眼，闪着清亮亮的眼神。

（纪红）

chuí liǔ

垂 柳 （通称）

水柳（浙江），垂丝柳（四川），清明柳（云南）

杨柳科柳属

***Salix babylonica* L.**

babylon weeping willow, weeping willow

特征：高大乔木，树冠开展而疏散。枝细长，下垂。芽线形，先端急尖。叶狭披针形或线状披针形，长 9-16 厘米，宽 0.5-1.5 厘米，上面绿色，下面色较淡。雌雄异株，葇荑花序先叶开放，或与叶同时开放。雄花序长 1.5-2（3）厘米，有短梗；雄蕊 2，花丝与苞片近等长或较长，花药红黄色；苞片披针形，外面有毛；腺体 2。雌花序长达 2-3（5）厘米，有梗，基部有 3-4 小叶。子房椭圆形，花柱短，柱头 2-4 深裂；苞片披针形，外面有毛；腺体 1。蒴果长 3-4 毫米，带绿黄褐色，种子小，基部有白色丝状长毛，即"柳絮"。

花期 3-4 月，果期 4-5 月。

用途：为优美的绿化树种，插条容易成活；木材可供制家具；枝条可编筐。

位置：中心校区南门（C1）、春风园（D8）、邵逸夫科学馆（A39）和洪家楼校区河边。

柳是春天的标志，是最早
的那抹春色。元稹写有《生春
二十首》，第九首最是应景："何
处生春早，春生柳眼中。芽新
才绽日，茸短未含风。"

（纪红）

hàn liǔ
旱 柳 （原变种）

杨柳科柳属

***Salix matsudana* Koidz.**
dryland willow

特征： 高大乔木。大枝斜上，树冠广圆形；树皮暗灰黑色，有裂沟。叶披针形，长5-10厘米，宽1-1.5厘米，上面绿色，下面苍白色或带白色。雌雄异株，菜黄花序与叶同时开放；雄花序圆柱形，长1.5-2.5（3）厘米，粗6-8毫米；雄蕊2，花药卵形，黄色；苞片卵形，黄绿色；腺体2；雌花序较雄花序短，长2厘米，粗4毫米；子房长椭圆形，柱头卵形，近圆裂；苞片同雄花；腺体2，背生和腹生。蒴果2瓣裂；种子基部带有白色丝状长毛。
花期4月，果期4-5月。

用途： 木材可供建筑器具、造纸、人造棉、火药等用；细枝可编筐；为早春蜜源树种，又为固沙保土和"四旁"绿化树种。

位置： 中心校区大成广场喷泉（D15）西侧花园有一株大旱柳，洪家楼校区操场（A24）西侧、南门（C1）西侧花园靠近教堂处、艺术学院（A12）东南角均有栽培。

枫杨是济南南部山区的乡土树种，常生在河边，俗称"平柳树"。它的果实连成串儿，小翅果头部很硬，尾部有两个小翅儿。果实成熟后，被风一吹，便头朝下，尾朝上，旋转而下，翩翩起舞。听老一辈人说，饥荒年代平柳树种子用石碾碾碎了是可以吃的，这在今天似乎是不可想象的。

（隗茂杰）

fēng yáng

枫 杨 （通称）

麻柳（湖北），娱蛤柳（安徽）

胡桃科枫杨属

***Pterocarya stenoptera* C. DC.**

Chinese wingnut

特征： 高大乔木。叶多为偶数或稀奇数羽状复叶，长8-16厘米（稀达25厘米），小叶10-16枚（稀6-25枚），无小叶柄，对生或稀近对生，长椭圆形至长椭圆状披针形，长8-12厘米，宽2-3厘米。雄性柔荑花序长6-10厘米，单独生于去年生枝条上叶痕腋内。雄花常具1（稀2或3）枚发育的花被片，雄蕊5-12枚。雌性柔荑花序顶生，长约10-15厘米，具2枚长达5毫米的不孕性苞片。果序长20-45厘米，翅果长椭圆形，长6-7毫米，基部常有宿存的星芒状毛；果翅狭，条形或阔条形，长12-20毫米，宽3-6毫米，具近于平行的脉。

花期4-5月，果熟期8-9月。

用途： 树皮和枝皮含鞣质，可提取栲胶，亦可作纤维原料；果实可作饲料和酿酒，种子还可榨油。

位置： 中心校区南门（C1）东侧花园（D16）、北门西侧稷下广场（D6）有种植。

hú táo

胡 桃 （通称）

核桃（通称）

胡桃科胡桃属

***Juglans regia* L.**

English walnut, persian walnut

特征： 高大乔木，树冠广阔。奇数羽状复叶长25-30厘米，小叶通常5-9枚，椭圆状卵形至长椭圆形，长6-15厘米，宽3-6厘米。雌雄同株，雄性柔荑花序下垂，长5-10厘米。雄花的苞片、小苞片及花被片均被腺毛；雄蕊6-30枚，花药黄色。雌性穗状花序通常具1-3雌花。雌花的总苞被极短腺毛，柱头浅绿色。果序短，具1-3果实；核果近于球状，直径4-6厘米；果为假核果，外果皮由苞片及小苞片形成的总苞及花被发育而成，未成熟时肉质，青绿色，完全成熟时常不规则裂开；果核不完全2-4室，内果皮（核桃的核壳）硬，骨质，永不自行破裂，壁内及隔膜内常具空隙和皱曲。

花期5月，果期10月。

用途： 种仁含油量高，可生食或做糕点、巧克力、饮料等，亦可榨油；木材坚实，是很好的硬木材料，可做高级家具。

位置： 洪家楼校区图书馆（A16）前东侧花园有一株大胡桃树，在大银杏树的东侧。

　　洪家楼校区图书馆门前的这株核桃树下不知飘过多少朗朗的读书声。这里每天有诵读备考的莘莘学子，也有牙牙学语的天真孩童。它庞大的树冠洒下斑驳绿荫，守护梦想的坚持与成长，也孕育果实的喜悦与清香。

（张淑萍）

yú shù
榆 树 （通用名）

榆（《尔雅》），白榆（江苏、山西、甘肃），家榆（河北、河南），钻天榆、钱榆（江苏），长叶家榆、黄药家榆（《东北木本植物图志》）榆科榆属

Ulmus pumila **L.**
Elm, Sibiria elm

特征： 落叶乔木，高可达25米，在干瘠之地长成灌木状。幼树树皮平滑，灰褐色或浅灰色，大树之皮暗灰色，不规则深纵裂，粗糙。叶椭圆状卵形、长卵形、椭圆状披针形或卵状披针形，长2-8厘米，宽1.2-3.5厘米，边缘具重锯齿或单锯齿，侧脉每边9-16条，叶柄长4-10毫米。花先叶开放，在去年生枝的叶腋成簇生状。花两性，春季先叶开放，在去年生枝的叶腋排成簇状聚伞花序；花被钟形，紫色，4浅裂，裂片膜质，宿存；雄蕊与花被裂片同数而对生，花丝细直；子房扁平1室，胚珠横生。翅果扁平，近圆形，稀倒卵状圆形，长1.2-2厘米，果核部分位于翅果的中部，上端不接近或接近缺口，成熟前后其色与果翅相同，初淡绿色，后白黄色。

花果期3-6月（东北较晚）。

用途： 华北、东北、西北地区乡土树种，木材优良，可制家具。翅果（榆钱）、嫩叶、软树皮均可食，是著名的救荒植物。

位置： 中心校区南门（C1）东侧花园（D16）、洪家楼校区2号楼（A4）东南角各有一株大榆树。

　　这棵榆树，叶子的新绿新得清亮，榆钱的新绿绿得清润，还有细巧的枝条在春风里垂拂着，显着婀娜，是较柳条儿优雅正直了的婀娜。这榆钱儿、榆叶儿、榆条儿，都衬了个"秀"字，是清秀、秀丽的那种秀气气的美，比之园里正在盛开怒放争奇斗艳的春花们，更多一份清灵绰约气质。

（纪红）

qīng tán
青檀（《中国树木分类学》）

檀（《诗经》），檀树（河北南口、河南、安徽），翼朴（《河北习见树木图说》），摇钱树（陕西华山），青壳椰树（巴东）

榆科青檀属

Pteroceltis tatarinowii Maxim.

wingceltis

特征： 乔木，高可达20米。叶纸质，宽卵形至长卵形，长3-10厘米，宽2-5厘米，叶面绿，叶背淡绿。花单性、同株，雄花数朵簇生于当年生枝的下部叶腋，花被5深裂，雄蕊5，花丝直立；雌花单生于当年生枝的上部叶腋，花被4深裂，裂片披针形，子房侧向压扁，柱头2，条形，胚珠倒垂。翅果状坚果近圆形或近四方形，直径10-17毫米，黄绿色或黄褐色，翅宽，稍带木质，顶端有凹缺，具宿存的花柱和花被，果梗纤细，长1-2厘米。

花期3-5月，果期8-10月。

用途： 树皮纤维为制作上等宣纸的主要原料，为历代书画名家所钟爱；木材坚硬细致，可作为农具、车轴、家具和建筑用的上等木料；也可作园林绿化树种。

位置： 中心校区稷下广场广场（D6）有多株移植来的大树，胸径在50厘米左右。

　　《救荒本草》中说青檀的嫩芽焯熟，换水浸去苦味，可用油盐调食，风味独特。青檀的叶是纸质半透明的，在青檀树下看初夏或新秋的阳光是极好的。肃杀的冬日里，青檀的翅果总会招来满树的雀儿，走过青檀树下，总会听到它们"吧嗒吧嗒"的啄食声，别有一番寂静中的热闹。

（隗茂杰）

hēi dàn shù

黑弹树（《中国树木分类学》）

小叶朴（《种子植物名称》），黑弹朴（《四川植物志》）

榆科朴属

***Celtis bungeana* Blume**

bunge nettletree

特征： 落叶乔木，树皮灰色或暗灰色。叶厚纸质，狭卵形、长圆形、卵状椭圆形至卵形，长 3-7（15）厘米，宽 2-4（5）厘米，基部宽楔形至近圆形，稍偏斜至几乎不偏斜，先端尖至渐尖，中部以上疏具不规则浅齿，有时一侧近全缘。果为核果，单生叶腋；果柄较细软，长 10-25 毫米；果成熟时兰黑色，近球形，直径 6-8毫米；核近球形，直径 4-5 毫米。

花期 4-5 月，果期 10-11 月。

用途： 是我国北方常见的乡土树种，园林绿化中常作行道树使用，秋季叶色金黄，非常美丽。

位置： 中心校区大成广场（D15）、公教楼（A38）北侧花园、知新楼（A41）前路边有种植。

jǔ shù
榉 树 （《名医别录》）

光叶榉（《中国树木分类学》），鸡油树（《经济植物手册》），
光光榆（秦岭），马柳光树（陕西略阳）
榆科榉属

Zelkova serrata (Thunb.) Makino
Waterelm

特征： 落叶乔木，高可达30米。树皮灰白色或褐灰色，呈不规则的片状剥落。叶薄纸质至厚纸质，大小、形状变异很大，卵形、椭圆形或卵状披针形，长3-10厘米，宽1.5-5厘米，边缘有圆齿状锯齿，具短尖头，侧脉（5）7-14对。雄花具极短的梗，径约3毫米，花被裂至中部，花被裂片（5）6-7（8），不等大；雌花近无梗，径约1.5毫米，花被片4-5（6）。核果淡绿色，斜卵状圆锥形，直径2.5-3.5毫米，具宿存的花被。

花期4月，果期9-11月。

用途： 树皮和叶供药用。木材坚硬，可制家具。为我国北方乡土树种，树形美观，亦常作行道树栽培。

位置： 邵逸夫科学馆（A39）西门门口西侧有一株移植的大榉树。

sāng

桑 （《本草经》）

家桑（四川），桑树（通称）

桑科桑属

Morus alba L.

white mulberry

特征： 落叶乔木或灌木，高3-10米。树皮厚，灰色，具不规则浅纵裂。叶卵形或广卵形，长5-15厘米，宽5-12厘米。花单性，腋生或生于芽鳞腋内，与叶同时生出；雄花序下垂，长2-3.5厘米，密被白色柔毛，花被片4，宽椭圆形，淡绿色。雌花序长1-2厘米，被毛，花被片4，倒卵形，结果时增厚为肉质，柱头2裂，内面有乳头状突起。聚花果俗称桑葚，卵状椭圆形，长1-2.5厘米，成熟时红色或暗紫色。

花期4-5月，果期5-8月。

用途： 为我国中部和北部的重要乡土树种，黄河流域和长江流域中下游广泛栽培，桑叶可养蚕，是支持我国丝绸文化和产业的重要资源植物。桑葚甜美多汁，可生食，也可酿酒或制饮料。树皮纤维可作纺织、造纸原料；根皮、果实及枝条入药。木材坚硬，可制家具、乐器、雕刻品等。

位置： 中心校区图书馆（A31）后东花园有一株大桑树，结果甚多；另电教楼（A35）北门有两株。

　　我国种植桑树的历史，几乎与中华民族的文明史同步。翻开我国最早的诗歌总集《诗经》，写到"桑"这种植物的有二十首之多，桑与国人如此相生和亲近。其中我喜欢的句子有："桑之未落，其叶沃若。于嗟鸠兮，无食桑葚。""鸤鸠在桑，其子七兮。淑人君子，其仪一兮。其仪一兮，心如结兮。""十亩之间兮，桑者闲闲兮。行与子还兮。"

　　而我最喜欢的《诗经》之桑有两首，一是《小雅·隰桑》："隰桑有阿，其叶有难。既见君子，其乐如何。隰桑有阿，其叶有沃。既见君子，云何不乐。隰桑有阿，其叶有幽。既见君子，德音孔胶。心乎爱矣，遐不谓矣。中心藏之，何日忘之。"以桑比兴，以叶色的深浅寄托"既见君子"的欢乐和爱意，这坚贞之情，连桑树都濡染着本真倾慕的爱的气息。

　　第二首是《小雅·小弁》："维桑与梓，必恭敬止。靡瞻匪父，靡依匪母。不属于毛？不罹于里？天之生我，我辰安在？""桑梓"一词即源于此，成为家乡的代称。"桑梓之地，父母之邦"，桑树和梓树作为故乡的象征，承载着数不尽的乡情乡心、情深义重，所谓忠孝，就在这样的恭敬天生、心灵安在中、玉成……

（纪红）

gòu shù

构 树 （《酉阳杂俎》《中国树木分类学》）

褚桃（《救荒本草》），褚（《植物名实图考》），谷桑（《诗疏》），谷树（《诗经》）

桑科构属

***Broussonetia papyrifera* (L.) L'Hér. ex Vent.**

paper mulberry

特征：落叶乔木，高10-20米。树皮暗灰色；小枝密生柔毛。叶螺旋状排列，广卵形至长椭圆状卵形，长6-18厘米，宽5-9厘米，小树之叶常有明显分裂，表面粗糙，疏生糙毛，背面密被茸毛。花雌雄异株；雄花序为柔荑花序，粗壮，长3-8厘米，苞片披针形，被毛，花被4裂，裂片三角状卵形，被毛，雄蕊4；雌花序球形头状，苞片棍棒状，顶端被毛，花被管状，顶端与花柱紧贴，子房卵圆形，柱头线形，被毛。聚花果直径1.5-3厘米，成熟时橙红色，肉质；瘦果具与等长的柄，表面有小瘤。

花期4-5月，果期6-7月。

用途：为我国乡土树种，韧皮纤维可作造纸材料，果实及根、皮可供药用。

位置：中心校区图书馆（A31）后东花园、稷下广场（D6）、原环境科学与土木工程学院（A52）南侧均有栽培。

构树的雌花序

构树的雄花序

我校9名大学生组成的"微尘调研团"发现构树的滞尘能力非常强，达到15.52克/平方米，是默默无闻的环境守护者，这简直让人拍案惊奇。

（纪红）

枫香树的果序，成熟干燥后可入药，称"路路通"

fēng xiāng shù

枫 香 树 （《南方草木状》）

金缕梅科枫香树属

***Liquidambar formosana* Hance**

beautiful sweetgum

特征： 落叶乔木，高可达30米。树皮灰褐色，方块状剥落。叶薄革质，阔卵形，掌状3裂，中央裂片较长。花单性同株，雄性短穗状花序常多个排成总状，雄蕊多数，花丝不等长。雌性头状花序有花24-43朵，花序柄长3-6厘米；萼齿4-7个，针形，长4-8毫米，子房下半部藏在头状花序轴内，上半部游离，有柔毛，花柱长6-10毫米，先端常卷曲。头状果序圆球形，木质，直径3-4厘米；蒴果下半部藏于花序轴内，有宿存花柱及针刺状萼齿。种子多数，褐色，多角形或有窄翅。

用途： 树脂供药用，能解毒止痛，止血生肌；根、叶及果实亦入药，有祛风除湿，通络活血功效。木材稍坚硬，可制家具及贵重商品的包装箱。

位置： 洪家楼校区原法学教学楼（A17）东侧有栽培。

《本草纲目》："昔有杜仲服此得道，因以名之。"
煦暖的微风中，斑驳的阳光里，尖俏滴翠的杜仲叶儿
轻摆，一副不知天上人间的超然。

（吴雪莹）

dù zhòng

杜 仲 （《中国高等植物图鉴》）

杜仲科杜仲属

***Eucommia ulmoides* Oliv.**

eucommia

特征： 落叶乔木，高可达20米。树皮灰褐色，粗糙，内含橡胶，折断拉开有多数细丝。叶椭圆形、卵形或矩圆形，薄革质，长6-15厘米，宽3.5-6.5厘米，撕开亦可见多数细丝。花生于当年枝基部；雄花无花被，苞片倒卵状匙形，长6-8毫米。雌花单生，苞片倒卵形，花梗长8毫米，子房1室，扁而长，先端2裂。翅果扁平，长椭圆形，长3-3.5厘米，宽1-1.3厘米，先端2裂，基部楔形，周围具薄翅；坚果位于中央，稍突起。

　　早春开花，秋后果实成熟。

用途： 树皮药用，作为强壮剂及降血压药，并能用于治疗腰膝痛、风湿及习惯性流产等；树皮分泌的硬橡胶供工业原料及绝缘材料，抗酸、碱及化学试剂的腐蚀的性能高，可制造耐酸、碱容器及管道的衬里；木材供建筑及制家具。

位置： 中心校区南门（C1）内东侧花园（D16）、洪家楼校区图书馆（A16）东南角有栽培。

zào jiá

皂荚 (《神农本草经》)

皂角（《中国高等植物图鉴》），皂荚树（浙江），猪牙皂、牙皂（四川），刀皂（湖南）

豆科皂荚属

Gleditsia sinensis Lam.

China honeylocust

特征：落叶乔木或小乔木，高可达30米。刺粗壮，圆柱形，常分枝，多呈圆锥状，长达16厘米。叶为一回羽状复叶，长10-18(26)厘米；小叶(2)3-9对，纸质，卵状披针形至长圆形。花杂性，黄白色，组成总状花序；花序腋生或顶生，长5-14厘米；雄花：直径9-10毫米，萼片4，三角状披针形，花瓣4，长圆形，雄蕊8(6)；两性花：直径10-12毫米，萼、花瓣与雄花的相似，雄蕊8，雌蕊1，柱头浅2裂，胚珠多数。荚果带状，长12-37厘米，宽2-4厘米，劲直或扭曲，果肉稍厚，或有的荚果短小，多少呈柱形，长5-13厘米，宽1-1.5厘米，弯曲作新月形，通常称"猪牙皂"，内无种子；果颈长1-3.5厘米；果瓣革质，褐棕色或红褐色；种子多颗，长圆形或椭圆形，棕色，光亮。

花期3-5月；果期5-12月。

用途：荚果煎汁可代肥皂用以洗涤丝毛织物；嫩芽油盐调食，其种子煮熟糖渍可食。荚、子、刺均入药。木材坚硬，为车辆、家具用材。

位置：中心校区大成广场（D15）绿地、公教楼（A38）北侧绿地、洪家楼校区图书馆（A16）西侧绿地、学生公寓13号楼（A8）前均有大树。

《庄子·逍遥游》中有记，惠子谓庄子曰："吾有大树，人谓之樗。其大本臃肿而不中绳墨，其小枝卷曲而不中规矩。立之涂，匠者不顾。" 这里的樗，就是指臭椿。其实，天生我材必有用，尽心尽力做有用之才，就已是中了最好的规矩，有了最大的春秋大义。

（纪红）

chòu chūn

臭 椿 （《本草纲目》）

樗（古称）

苦木科臭椿属

Ailanthus altissima (Mill.) Swingle

ailanthus

特征： 落叶乔木，高可达20余米。叶为奇数羽状复叶，长40-60厘米，有小叶13-27；小叶对生或近对生，纸质，卵状披针形，长7-13厘米，宽2.5-4厘米，小叶基部两侧各具1或2个粗锯齿，齿背有腺体1个，揉碎后具强烈臭味。圆锥花序长10-30厘米；花淡绿色，萼片5，覆瓦状排列，裂片长0.5-1毫米；花瓣5，长2-2.5毫米；雄蕊10，花丝基部密被硬粗毛，雄花中的花丝长于花瓣，雌花中的花丝短于花瓣；心皮5，花柱黏合，柱头5裂。翅果长椭圆形，长3-4.5厘米，宽1-1.2厘米；种子位于翅的中间，扁圆形。

花期4-5月，果期8-10月。

用途： 为我国北方乡土树种，耐贫瘠，抗逆性强，可作石灰岩地区的造林树种，也可作园林风景树和行道树。木材黄白色，可制作农具车辆等；叶可饲椿蚕；树皮、根皮、果实均可入药，有清热利湿、收敛止痢等效。

世界各国广泛栽培，在欧美多地从栽培环境逃逸，成为"杂草树"。

位置： 中心校区图书馆（A31）后东花园和老化学楼（A30）后各有一株大树。

liàn
楝 （《本草经》）

苦楝（通称），楝树、紫花树（江苏），森树（广东）

楝科楝属

Melia azedarach L.

melia, China berry-tree

特征： 落叶乔木，高达10余米。树皮灰褐色，纵裂。分枝广展，小枝有叶痕。叶为2-3回奇数羽状复叶，长20-40厘米；小叶对生，卵形、椭圆形至披针形。圆锥花序；花芳香；花萼5深裂；花瓣淡紫色，倒卵状匙形，长约1厘米；雄蕊管紫色，长7-8毫米，有纵细脉，管口有钻形、2-3齿裂的狭裂片10枚，花药10枚，着生于裂片内侧，且与裂片互生；子房近球形，5-6室，每室2胚珠。核果球形至椭圆形，长1-2厘米，宽8-15毫米，内果皮木质，4-5室，每室有种子1颗；种子椭圆形。

　　花期4-5月，果期10-12月。

用途： 我国乡土树种，可用于平原及低山丘陵区的造林绿化；木材质轻软，是家具、建筑、舟车等良好用材；用鲜叶可灭钉螺和作农药，用根皮可驱蛔虫和钩虫，但有毒，用时要严遵医嘱；果核仁油可供制油漆、润滑油和肥皂。

位置： 中心校区图书馆（A31）后东花园、原环境科学与工程学院（A52）和洪家楼校区图书馆（A16）东南角小桥西头、操场（A24）南侧靠洪楼教堂空地有种植。

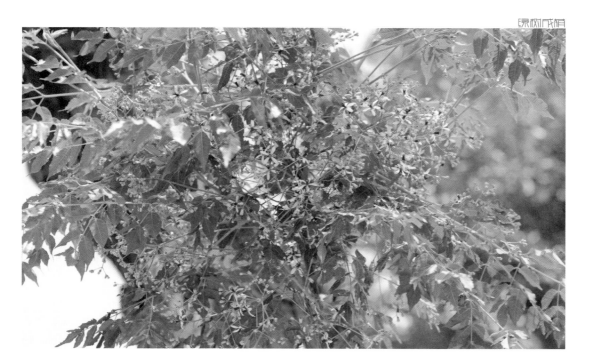

wū jiù
乌 桕 （《唐本草》）

腊子树（浙江温州），桕子树（四川），

木子树（湖北兴山、江西武宁）

大戟科乌桕属

***Triadica sebifera* (L.) Small**

Chinese tallowtree

特征：落叶乔木，高可达15米，各部均无毛而具乳状汁液。叶互生，纸质，叶片菱形、菱状卵形或稀有菱状倒卵形，长3-8厘米，宽3-9厘米，顶端骤然紧缩具长短不等的尖头，全缘。花单性，雌雄同株，聚集成顶生、长6-12厘米的总状花序，雌花通常生于花序轴最下部，雄花生于花序轴上部或有时整个花序全为雄花。雄花：花梗纤细，向上渐粗；苞片阔卵形，基部两侧各具一近肾形的腺体，每一苞片内具10-15朵花；小苞片3，不等大；花萼杯状，3浅裂；雄蕊2枚，伸出于花萼之外。雌花：花梗粗壮；苞片深3裂，基部两侧的腺体与雄花的相同，每一苞片内仅1朵雌花，间有1雌花和数雄花同聚生于苞腋内；花萼3深裂，裂片卵形至卵头披针形；子房卵球形，3室，花柱3，基部合生。蒴果梨状球形，成熟时黑色，直径1-1.5厘米。具3种子，分果爿脱落后而中轴宿存；种子扁球形，黑色，外被白色、蜡质的假种皮。

花期4-8月。

用途：根皮可治毒蛇咬伤。种子的白色蜡质层（假种皮）溶解后可制肥皂、蜡烛；种子油适于涂料，可涂油纸、油伞等。

位置：中心校区稷下广场（D6）花园靠近南北两头均有种植。

  南宋爱国诗人陆游《埭北》诗云 ："山谷苍烟薄，穿林白日斜。崖崩迁客路，木落见人家。野碓喧春水，山桥枕浅沙。前村乌桕熟，疑是早梅花。"格外喜欢这句"乌桕熟，疑是早梅花"，形象地写出了乌桕果开裂如梅花初绽的特征。

  中心校区稷下广场的乌桕树，冬日里叶子全无，枯淡的氛围中，我喜欢去看它一树的白色果子，衬着苍劲的枝干，真的有梅的风姿风度。只是这"梅"，算是盛开着的白梅吧，衬着湛蓝的天空，阳光下有一种清冽的美。

（纪红）

sān jiǎo qì

三角槭 （《经济植物手册》）

三角枫（《植物名实图考》）

槭树科槭属

Acer buergerianum Miq.

buerger maple

特征： 落叶乔木，高5-10米。叶纸质，椭圆形或倒卵形，长6-10厘米，通常浅3裂，裂片向前延伸，中央裂片三角卵形，急尖、锐尖或短渐尖；侧裂片短钝尖或甚小，裂片边缘通常全缘。花多数常成顶生被短柔毛的伞房花序，直径约3厘米，总花梗长1.5-2厘米，开花在叶长大以后；萼片5，黄绿色，卵形；花瓣5，淡黄色，狭窄披针形或匙状披针形；雄蕊8，花盘无毛，位于雄蕊外侧；子房密被淡黄色长柔毛，花柱2裂，柱头平展或略反卷。翅果黄褐色；小坚果特别凸起，直径6毫米；翅与小坚果共长2-2.5厘米，宽9-10毫米，张开成锐角或近于直立。

花期4月，果期8月。

用途： 为我国乡土树种，广泛栽培用于园林绿化。

位置： 中心校区原生命学院南楼（A53）南侧、图书馆（A31）后东花园内和洪家楼（A14）校区公教楼西侧花园有栽培。

yuán bǎo qì
元宝槭 （《东北木本植物图志》）

元宝树（《河北习见植物图说》），平基槭（《经济植物手册》），
五脚树（《中国树木分类学》），槭（《说文》）

槭树科槭属

***Acer truncatum* Bunge**
purpleblow maple

特征： 落叶乔木，高可达8-10米。叶纸质，长5-10厘米，宽8-12厘米，常5裂，稀7裂，基部截形稀近于心脏形；裂片三角卵形或披针形，先端锐尖或尾状锐尖，边缘全缘，有时中央裂片的上段再3裂。花黄绿色，杂性，雄花与两性花同株，常成伞房花序；总花梗长1-2厘米；花梗细瘦，长约1厘米。萼片5，黄绿色，长圆形；花瓣5，淡黄色或淡白色，长圆倒卵形；雄蕊8，生于雄花者长2-3毫米，生于两性花者较短，着生于花盘的内缘，花药黄色；花盘微裂；子房嫩时有黏性，花柱2裂，柱头反卷；翅果成熟时淡黄色或淡褐色；小坚果压扁状，长1.3-1.8厘米，宽1-1.2厘米；翅长圆形，两侧平行，宽8毫米，常与小坚果等长，稀稍长，张开成锐角或钝角。

花期4月，果期8月。

用途： 为我国乡土树种，树冠浓密，叶秋季变黄或红色，是秋季"红叶树"的种类之一，常栽培作为行道树和庭园树。种子含油丰富，可作工业原料；木材细密，可制造各种特殊用具或作建筑材料。

位置： 中心校区原信息科学与工程学院（A6）南侧路边和数学院（A7）东侧路边有栽培。

金色的碧色的叶子交织摇曳，是秋日里的缤纷华裳？铺锦列绣，缀满金玉。

（吴雪茜）

jī zhuǎ qì

鸡 爪 槭 （《中国树木分类学》）

槭树科槭属

***Acer palmatum* Thunb.**

Japanese maple

特征： 落叶小乔木。叶纸质，外貌圆形，直径7-10厘米，5-9掌状分裂，通常7裂，裂片长圆卵形或披针形。花紫色，杂性，雄花与两性花同株。伞房花序，总花梗长2-3厘米；萼片5,卵状披针形，先端锐尖；花瓣5，椭圆形或倒卵形，先端钝圆；雄蕊8，较花瓣略短而藏于其内；花盘位于雄蕊的外侧，微裂；子房无毛。翅果嫩时紫红色，成熟时淡棕黄色；小坚果球形，直径7毫米，脉纹显著；翅与小坚果共长2-2.5厘米，宽1厘米，张开成钝角。

　　花期5月，果期9月。

用途： 本种原产我国东部各省，山东有野生分布。在各国早已引种栽培，变种和变型很多，其中红槭（变型）*Acer palmatum* f. *atropurpureum* (Van Houtte) Schwerim 和羽毛槭（变种）*Acer palmatum* var. *dissectum* (Thunb.) K. Koch 在我国东南沿海各省庭园中广泛栽培。

位置： 鸡爪槭和羽毛槭在中心校区大成广场（D15）均有栽培。

yū máo qì

羽毛槭 （《中国树木分类学》）

羽毛枫，细叶鸡爪槭

槭树科槭属

***Acer palmatum* var. *dissectum* (Thunb.) K. Koch**

Feather maple

特征： 为鸡爪槭的栽培变种，树冠开展，叶片细裂，秋叶深黄至橙红色，枝略下垂。果翅绯红色，非常美丽。

cén yè qì

梣 叶 槭 （《中国树木分类学》）

复叶槭（《经济植物手册》），美国槭（《华北经济植物志要》），
白蜡槭（《中国树木分类学》），糖槭（《东北木本植物图志》）
槭树科槭属

***Acer negundo* L.**
boxelder maple, ashleaf maple

特征： 落叶乔木，高可达20米。羽状复叶，长10-25厘米，有3-7(稀9)枚小叶；小叶纸质，卵形或椭圆状披针形，长8-10厘米，宽2-4厘米，边缘常有3-5个粗锯齿。雌雄异株，雄花的花序聚伞状，雌花的花序总状，均由无叶的小枝旁边生出，常下垂；花梗长1.5-3厘米，花小，黄绿色，开于叶前，无花瓣及花盘，雄蕊4-6，花丝很长，子房无毛。小坚果凸起，近于长圆形或长圆卵形，无毛；翅宽8-10毫米，稍向内弯，连同小坚果长3-3.5厘米，张开成锐角或近于直角。

花期4-5月，果期9月。

用途： 原产北美洲，生长迅速，树冠广阔，夏季遮阴条件良好，可作行道树或庭园树，用以绿化城市或厂矿，我国北方各省多有栽培。本种早春开花，花蜜很丰富，是很好的蜜源植物。

位置： 洪家楼校区1号楼（A3，原政管楼）北侧花园有多株大树。

梣叶槭长长的花丝和红褐色的花药随风摇曳，如自然天成的美人钗珮，别有韵致。 （张淑萍）

_{qī yè shù}

七叶树 （《河北习见树木图说》）

七叶树科七叶树属

Aesculus chinensis Bunge
China buckeye

特征： 落叶乔木，高可达25米。掌状复叶，由5-7小叶组成；小叶纸质，长圆披针形至长圆倒披针形，长8-16厘米，宽3-5厘米。花序圆筒形，连同长5-10厘米的总花梗在内共长21-25厘米，小花序常由5-10朵花组成，长2-2.5厘米。花杂性，雄花与两性花同株，花萼管状钟形，不等地5裂；花瓣4，白色，长圆倒卵形至长圆倒披针形，基部爪状；雄蕊6，花丝线状，花药长圆形，淡黄色；子房在雄花中不发育，在两性花中发育良好，卵圆形。果实球形或倒卵圆形，直径3-4厘米，黄褐色，无刺，具很密的斑点，果壳干后厚5-6毫米，种子常1-2粒发育，近于球形，直径2-3.5厘米，栗褐色。

花期4-5月，果期10月。

用途： 在黄河流域常栽培作为行道树和庭园树。木材细密，可制造各种器具；种子可作药用，榨油可制肥皂。

位置： 中心校区南门（C1）内东侧花园（D16）、知新楼（A41）北侧路边有栽培。

bái là shù
白 蜡 树 （《中国树木分类学》）

木樨科梣属

***Fraxinus chinensis* Roxb.**
China ash

特征： 落叶乔木，高可达10-12米；树皮灰褐色，纵裂。羽状复叶长15-25厘米；小叶5-7枚，硬纸质，卵形、倒卵状长圆形至披针形，长3-10厘米，宽2-4厘米。花雌雄异株；圆锥花序顶生或腋生枝梢，长8-10厘米；雄花密集，花萼小，钟状，长约1毫米，无花冠，花药与花丝近等长；雌花疏离，花萼大，桶状，长2-3毫米，4浅裂，花柱细长，柱头2裂。翅果匙形，长3-4厘米，宽4-6毫米，翅平展，下延至坚果中部，坚果圆柱形，长约1.5厘米；宿存萼紧贴于坚果基部，常在一侧开口深裂。

花期4-5月，果期7-9月。

用途： 在我国栽培历史悠久，分布甚广。主要经济用途为放养白蜡虫生产白蜡。植株萌发力强，材理通直，生长迅速，柔软坚韧，供编制各种用具；树皮也作药用。

位置： 中心校区厚德大（B1）道南段两侧行道树多为白蜡树。

máo pāo tóng

毛泡桐 （《东北木本植物图志》）

玄参科泡桐属

Paulownia tomentosa (Thunb.) Steud.

Chinense paulownia

特征： 落叶乔木，高可达 20 米，树冠宽大伞形。叶片心脏形，长达 40 厘米，老叶下面的灰褐色树枝状毛常具柄和 3-12 条细长丝状分枝。花序为金字塔形或狭圆锥形，小聚伞花序的总花梗长 1-2 厘米，具花 3-5 朵；萼浅钟形，长约 1.5 厘米，外面绒毛不脱落，分裂至中部或裂过中部，萼齿卵状长圆形；花冠紫色，漏斗状钟形，长 5-7.5 厘米，在离管基部约 5 毫米处弓曲，向上突然膨大，檐部 2 唇形；雄蕊长达 2.5 厘米；子房卵圆形，花柱短于雄蕊。蒴果卵圆形，幼时密生黏质腺毛，宿萼不反卷；种子连翅长 2.5-4 毫米。

花期 4-5 月，果期 8-9 月。

用途： 该种较耐干旱与瘠薄，在北方较寒冷和干旱地区尤为适宜，常用作城乡绿化树种。材质轻而韧，宜做木器。

位置： 洪家楼校区公教楼（A14）东侧河边有种植。

（图 纪红）

bēi měi é zhǎng qiū

北 美 鹅 掌 楸 （《中国树木分类学》）

木兰科鹅掌楸属

***Liriodendron tulipifera* L.**

tuliptree, yellow poplar

特征：落叶乔木，原产地高可达60米，胸径3.5米。树皮有深纵裂，小枝褐色或紫褐色，常带白粉。叶片长7-12厘米，近基部每边具2侧裂片，幼叶背被白色细毛，后脱落无毛，叶柄长5-10厘米。花杯状，花被片9，外轮3片绿色，萼片状，向外弯垂，内两轮6片，灰绿色，直立，花瓣状、卵形，长4-6厘米，近基部有一不规则的黄色带；花药长15-25毫米，花丝长10-15毫米，雌蕊群黄绿色，花期时不超出花被片之上。聚合果长约7厘米，具翅的小坚果淡褐色，长约5毫米，顶端急尖；下部的小坚果常宿存过冬。

花期5月，果期9-10月。

用途：材质优良，纹理密致美观，切削性光滑，为船舱，火车内部装修及室内高级家具用材。为美国重要用材树种之一，是古雅优美的庭园树种，与我国的鹅掌楸齐名。

位置：中心校区体育馆（A27）东侧和平击剑馆南侧有种植。

识花攻略：因鹅掌楸属植物的叶片呈马褂状，又称为"马褂木"。除北美鹅掌楸外，该属另有我国南方所产的鹅掌楸［*Liriodendron chinense* (Hemsl.) Sargent.］。二者的一个明显区别是北美鹅掌楸叶近基部每边具1侧裂片，而鹅掌楸叶近基部每边具2侧裂片。

（图 纪红）

yī qiú xuán líng mù
一 球 悬 铃 木

美国梧桐（《中国树木分类学》）

悬铃木科悬铃木属

***Platanus occidentalis* L.**

America planetree

特征： 落叶大乔木，高可达40余米；树皮有浅沟，呈小块状剥落。叶大、阔卵形，通常3浅裂，稀为5浅裂，中央裂片长度比宽度略小。花通常4-6数，单性，聚成圆球形头状花序。雄花的萼片及花瓣均短小，花丝极短，花药伸长。雌花基部有长绒毛；萼片短小；花瓣比萼片长4-5倍；心皮4-6个，花柱伸长，比花瓣为长。头状果序圆球形，单生，稀为2个，直径约3厘米，宿存花柱极短；小坚果先端钝，基部的绒毛长为坚果之半，不突出头状果序外。

用途： 原产北美洲，我国广泛引种栽培作行道树及观赏用。

位置： 中心校区弘德大道（B3）、小树林（D3）和洪家楼校区西门（C2）内路边有很多大树。

中心校区的小树林见证着山大和山大人的成长故事，是众多学子心中最美好的记忆，这里的一球悬铃木高大挺直，蔚为壮观。

(张淑萍)

　　背景知识：作为世界广泛栽培的行道树之王，常见的悬铃木有三种，除了一球悬铃木之外，另有三球悬铃木（法国梧桐）和二球悬铃木（英国梧桐）。三球悬铃木（*Platanus orientalis* L.）树皮大片状剥落，叶的中央裂片长大于宽，果序3-7个串生，原产欧洲和亚洲西部。二球悬铃木（*Platanus acerifolia* Willd.）为一球悬铃木与三球悬铃木杂交种，果序常2个串生。中心校区和洪家楼校区以一球悬铃木为主，二球悬铃木和三球悬铃木较为少见。

cì huái

刺槐 （《华北经济植物志要》）

洋槐（《中国树木分类学》）

豆科刺槐属

***Robinia pseudoacacia* L.**

black locust

特征：落叶乔木，高可达25米。树皮灰褐色至黑褐色，浅裂至深纵裂。具托叶刺，长达2厘米。奇数羽状复叶长10-25（40）厘米；小叶2-12对，常对生，椭圆形、长椭圆形或卵形。总状花序，腋生，长10-20厘米，下垂，花多数，芳香；苞片早落；花萼斜钟状，萼齿5，三角形至卵状三角形；花冠白色，各瓣均具瓣柄，旗瓣近圆形，反折，内有黄斑，翼瓣斜倒卵形，与旗瓣几等长，龙骨瓣镰状，三角形，与翼瓣等长或稍短，前缘合生，先端钝尖；雄蕊二体，对旗瓣的1枚分离；子房线形，长约1.2厘米，花柱钻形，柱头顶生。荚果褐色，线状长圆形，长5-12厘米，宽1-1.3厘米，扁平；花萼宿存，有种子2-15粒。种子褐色至黑褐色，近肾形，长5-6毫米，宽约3毫米。

花期4-6月，果期8-9月。

用途：是优良的蜜源植物，花芳香，可食。材质硬重，抗腐耐磨，宜作枕木、建筑等多种用材；速生，抗逆性强，是温带地区荒山绿化和园林观赏的常用树种。

位置：中心校区大成广场（D15）西南角、洪家楼校区原政管楼（A3）北侧各有一株大树。

　　背景知识：刺槐原产美国东部，17世纪传入欧洲及非洲。我国于18世纪末从欧洲引入青岛栽培，现全国各地广泛栽培。因刺槐根系和枯枝落叶会释放化感物质，抑制其他植物生长，威胁本地生物多样性，已被德国、奥地利等国列为入侵物种。但刺槐花芳香怡人，可制多种美食，刺槐蜜清热润肺，深受喜爱。

bái dù
白杜 （《亨利氏中国植物名录》）

卫矛科卫矛属

***Euonymus maackii* Rupr.**

maack euonymus

特征： 小乔木，高可达6米。叶卵状椭圆形、卵圆形或窄椭圆形，长4-8厘米，宽2-5厘米。聚伞花序3至多花，花序梗略扁，长1-2厘米；花4数，淡白绿色或黄绿色，直径约8毫米；雄蕊花药紫红色，花丝细长。蒴果倒圆心状，4浅裂，长6-8毫米，直径9-10毫米，成熟后果皮粉红色；种子长椭圆状，长5-6毫米，直径约4毫米，种皮棕黄色，假种皮橙红色，全包种子，成熟后顶端常有小口。

花期5-6月，果期9月。

用途： 为我国乡土树种，广布我国北方地区。常栽培作为园林绿化树种。

位置： 洪家楼校区原法学院老楼（A18）东头有一株。

白杜的枝叶婀娜柔美，花儿小而雅致，给人一种洒脱、沉静、温和、坚定的美感。

（张淑萍）

zǎo
枣 （《诗经》）

枣树、枣子（俗称），大枣（湖北），红枣树、刺枣（四川）

鼠李科枣属

Ziziphus jujuba Mill.

jujube, Chinese date

特征： 落叶小乔木，稀灌木，高可达10余米；树皮褐色或灰褐色；老枝呈之字形曲折，具2个托叶刺，长刺可达3厘米，粗直，短刺下弯，长4-6毫米。叶纸质，卵形，卵状椭圆形，或卵状矩圆形；基生三出脉；花黄绿色，两性，5基数，单生或2-8个密集成腋生聚伞花序，具短总花梗；萼片卵状三角形；花瓣倒卵圆形，基部有爪；花盘厚，肉质，圆形，5裂；子房下部藏于花盘内，与花盘合生，2室，每室有1胚珠。核果矩圆形或长卵圆形，长2-3.5厘米，直径1.5-2厘米，成熟时红色，中果皮肉质，厚，味甜，2室，具1或2种子；种子扁椭圆形，长约1厘米，宽8毫米。

花期5-7月，果期8-9月。

用途： 枣的果实味甜，含有丰富的维生素C，除供鲜食外，常可以制成蜜饯和果脯，还可以作枣泥、枣面、枣酒、枣醋等。枣又供药用，有养胃、健脾、益血、滋补、强身之效，枣仁入药，可以安神。枣花芳香多蜜，为良好的蜜源植物。

位置： 中心校区文史楼（A8）北侧花园有多株大树。

　　鲁迅先生在《秋夜》一文中写道："在我的后园，可以看见墙外有两株树，一株是枣树，还有一株也是枣树。"

　　山大文史楼北侧有多株枣树，你完全可以以枣树起笔，写一篇山大的秋夜；或者就在枣花香里想一想家乡枣林相伴的少年时的自己，抑或在"八月剥枣，十月获稻"的怀念中，沉浸在大红枣儿甜又香的甜美记忆里……

（纪红）

jūn qiān zǐ

君迁子 (《本草拾遗》)

软枣、黑枣、牛奶柿（河北、河南、山东）

柿科柿属

Diospyros lotus L.

dateplum persimmon

特征： 落叶乔木，高可达 30 米。树皮灰黑色或灰褐色，深裂或不规则的厚块状剥落。叶近膜质，椭圆形至长椭圆形，长 5-13 厘米，宽 2.5-6 厘米。雄花 1-3 朵腋生，簇生，近无梗，长约 6 毫米；花萼钟形，4 裂，偶有 5 裂，裂片卵形，边缘有茸毛；花冠壶形，带红色或淡黄色，长约 4 毫米，4 裂，裂片近圆形，边缘有睫毛；雄蕊 16 枚，每 2 枚连生成对，腹面 1 枚较短；花药披针形，长约 3 毫米；子房退化。雌花单生，几无梗，淡绿色或带红色；花萼 4 裂，深裂至中部，长约 4 毫米，边缘有睫毛；花冠壶形，长约 6 毫米，4 裂，偶有 5 裂，裂片近圆形，长约 3 毫米，反曲；退化雄蕊 8 枚，着生花冠基部，长约 2 毫米；子房 8 室；花柱 4。果近球形或椭圆形，直径 1-2 厘米，初熟时为淡黄色，后则变为蓝黑色，常被有白色薄蜡层，8 室；种子长圆形，长约 1 厘米，宽约 6 毫米，褐色；宿存萼 4 裂，深裂至中部。

花期 5-6 月，果期 10-11 月。

用途： 为我国乡土树种，可做庭园树。成熟果实可供食用，亦可制成柿饼。木材质硬，耐磨损，可作纺织木梭、雕刻、小用具、家具和文具。树皮可供提取单宁和制人造棉。

位置： 中心校区原生命科学学院南楼（A53）西南角、化学院老楼（A30）各有一株。洪家楼校区外国语学院（A13）东头和图书馆（A16）东南角也有。

shì
柿 （《东观汉记》）

柿科柿属

***Diospyros kaki* Thunb.**

persimmon

特征： 落叶大乔木，通常高达10-14米，胸高直径达65厘米。树皮深灰色至灰黑色，沟纹较密，裂成长方块状。叶纸质，卵状椭圆形至倒卵形或近圆形，通常较大，长5-18厘米，宽2.8-9厘米。花雌雄异株，但间或有雄株上有少数雌花，雌株上有少数雄花的；花序腋生，为聚伞花序；雄花序小，弯垂，有花3-5朵；雄花小，长5-10毫米；花萼钟状，深4裂，裂片卵形，有睫毛；花冠钟状，黄白色，4裂，裂片卵形或心形，雄蕊16-24枚，着生在花冠管的基部，连生成对，退化子房微小。雌花单生叶腋，长约2厘米，花萼绿色，直径约3厘米，深4裂，萼管近球状钟形，肉质；花冠淡黄白色或黄白色而带紫红色，壶形或近钟形，4裂，花冠管近四棱形，上部向外弯曲；退化雄蕊8枚，着生在花冠管的基部；子房近扁球形，多少具4棱，8室，每室1胚珠；花柱4深裂，柱头2浅裂。果形多种，有球形、扁球形、球形而略呈方形、卵形等，直径3.5-8.5厘米不等，基部通常有棱；嫩时绿色，后变黄色、橙黄色；果肉较脆硬，老熟时果肉变得柔软多汁，呈橙红色或大红色等；种子褐色，椭圆状，侧扁；宿存萼在花后增大增厚，4裂，厚革质或干时近木质。

花期5-6月，果期9-10月。

用途： 柿树是我国栽培悠久的果树。果实常经脱涩后作水果，经过适当处理，可贮存数月，如采用冷冻法处理，贮藏在-10℃的低温，一年中都可随时取食。柿子亦可加工制成柿饼。将柿饼上的白霜扫下，

可作为白糖的代用品。柿子还可提取柿漆（又名"柿油"或"柿涩"），用于涂鱼网、雨具，填补船缝和作建筑材料的防腐剂等。柿子入药，能止血润便，缓和痔疾肿痛，降血压。柿饼可以润脾补胃，润肺止血。柿霜饼和柿霜能润肺生津，祛痰镇咳，压胃热，解酒。柿蒂下气止呃。其木材致密质硬，韧性强，可作纺织木梭、线轴，又可作家具、箱盒、装饰用材和提琴的指板、弦轴等。另外，柿树寿命长，叶大荫浓，冬月落叶后，柿实殷红不落，一树满挂累累红果，是优良的风景树。

位置： 中心校区公教楼（A38）北、邵逸夫科学馆（A39）门前、文史楼（A8）北、稷下广场（D6）均有引种的大树。

霜降节气了，济南城里未见霜，柿叶却已翻红。此时节，柿树上更多些的叶子苍绿着，少许些的红叶散散地烂漫着、红着，像一种特别的情意，参差对照地美在那里，比一树的叶绿、满树的叶红还要好看得更有意味。那红叶，有的已红透，有的红了半面妆，有的是红色润染杂糅在叶绿里，洗练着暖阳，江山如画，一时惊艳了秋光。

唐代李益诗曰"柿叶翻红霜景秋"，宋代黄庭坚诗曰"柿叶铺庭红颗秋"，说的就是我眼前此时此景的中心校区的柿叶秋吧。而校园不荒，秋色正宜流连，又让人念及范成大的句子："清霜染柿叶，荒园有佳趣。留连伴岁晚，莫作流红去。"都是爱惜。

（纪红）

qiū

楸 （《庄子》）

楸树《中国树木分类学》，木王《埤雅》
紫葳科梓属

***Catalpa bungei* C. A. Mey.**
manchurian catalpa

特征： 落叶小乔木，高可达8-12米。叶三角状卵形或卵状长圆形，长6-15厘米，宽达8厘米。顶生伞房状总状花序，有花2-12朵。花萼蕾时圆球形，2唇开裂，顶端有2尖齿。花冠淡红色，内面具有2黄色条纹及暗紫色斑点，长3-3.5厘米。蒴果线形，长25-45厘米，宽约6毫米。种子狭长椭圆形，长约1厘米，宽约2厘米，两端生长毛。

花期5-6月，果期6-10月。

用途： 本种性喜肥土，生长迅速，树干通直，木材坚硬，为良好的建筑用材，可栽培作观赏树、行道树。花可炒食，叶可喂猪。茎皮、叶、种子入药。果实味苦性凉，清热利尿。

位置： 中心校区南门（C1）内东侧花园（D16）有引种的3株大树。

中心校区南门内东侧花园的两株楸树，携手并肩，昂然肃立，果然高大挺拔，树姿雄伟，非黄金树可比。

（张淑萍）

huáng jīn shù

黄 金 树 （《中国树木分类学》）

白花梓树（广西）

紫葳科梓属

Catalpa speciosa (Barney) Engelm

gold tree

特征： 落叶乔木，高可达6-10米。树冠伞状。叶卵心形至卵状长圆形，长15-30厘米，上面亮绿色，无毛，下面密被短柔毛。圆锥花序顶生，有少数花，长约15厘米；苞片2，线形，长3-4毫米。花萼2裂，裂片2，舟状。花冠白色，喉部有2黄色条纹及紫色细斑点，长4-5厘米，口部直径4-6厘米，裂片开展。蒴果圆柱形，黑色，长30-55厘米，宽10-20毫米，2瓣开裂。种子椭圆形，长25-35毫米，宽6-10毫米。

花期5-6月，果期8-9月。

用途： 原产美国，我国多地栽培作庭园树，但本种仅能在土壤肥沃的平原生长，若平地栽植作为风景树种，不如国产楸树挺拔健壮，树姿雄伟。本种花洁白，楸树花淡红色，易于区别。

位置： 洪家楼校区2号楼（A4）南侧花园有一株。

liáo duàn

辽椴 （《中国植物图谱》）

糠椴（《东北木本植物图志》）

椴树科椴树属

***Tilia mandshurica* Rupr. et Maxim.**

Mandshurian linden

特征： 高大乔木，树皮暗灰色；嫩枝被灰白色星状茸毛，顶芽有茸毛。叶卵圆形，长8-10厘米，宽7-9厘米，下面密被灰色星状茸毛。聚伞花序长6-9厘米，有花6-12朵；苞片窄长圆形或窄倒披针形，长5-9厘米，宽1-2.5厘米，先端圆，基部钝，下半部1/3-1/2与花序柄合生；萼片长5毫米；花瓣长7-8毫米；退化雄蕊花瓣状，稍短小；雄蕊与萼片等长；子房有星状茸毛，花柱长4-5毫米。果实球形，长7-9毫米，有5条不明显的棱。

花期7月，果实9月成熟。

用途： 木材坚实，可做砧板和各类家具，也是很好的蜜源植物。

位置： 洪家楼校区学生公寓13号楼（A8）南侧花园有一株大树。

　　这株茁壮的辽椴是那么平凡低调，以至于很多人都不知道它的存在。然而，站在树下，仔细端详它的枝条、叶子、花朵、花蕊甚至苞片，无不精巧别致，而又温馨素雅，给人美好、坚实、温暖的感觉。

（张淑萍）

huái

槐 （《神农草本经》）

守宫槐（《群芳谱》），槐花木、槐花树、豆槐、金药树

豆科槐属

Sophora japonica L.

japan pagoda tree

特征： 落叶乔木，高可达25米；树皮灰褐色，具纵裂纹。羽状复叶长达25厘米，托叶形状多变，有时呈卵形，叶状，有时线形或钻状，早落；小叶4-7对，对生或近互生，纸质，卵状披针形或卵状长圆形；小托叶2枚，钻状。圆锥花序顶生，常呈金字塔形，长达30厘米；小苞片2枚，形似小托叶；花萼浅钟状，萼齿5，圆形或钝三角形；花冠白色或淡黄色，旗瓣近圆形，具短柄，有紫色脉纹，翼瓣卵状长圆形，龙骨瓣阔卵状长圆形，与翼瓣等长；雄蕊近分离，宿存；子房近无毛。荚果串珠状，长2.5-5厘米或稍长，径约10毫米，种子间缢缩不明显，种子排列较紧密，具肉质果皮，成熟后不开裂，具种子1-6粒；种子卵球形，淡黄绿色，干后黑褐色。

花期7-8月，果期8-10月。

用途： 为我国北方乡土树种，栽培历史悠久。树冠优美，花芳香，是行道树和优良的蜜源植物；花和荚果入药，有清凉收敛、止血降压作用；叶和根皮有清热解毒作用，可治疗疮毒；木材供建筑用。

位置： 中心校区明德大道（B2）和洪家楼校区公教楼（A14）前均有很多大树。

识花攻略：槐和刺槐常被混淆，其实较好分辨。槐的树皮裂纹短而浅，刺槐树皮的裂纹长而深；槐花黄绿色，半开，刺槐花白色，花冠全开；槐的荚果肉质串珠状，不开裂；刺槐的荚果扁平，成熟时褐色开裂。

《山海经》云"首山木多槐"，表明先秦时期中国即多植槐树。槐树在古代还被视为科第吉兆，如读书人聚会的地方称为"槐市"，考试的年份称为"槐秋"，举子赶考称为"踏槐"，北宋文学家苏轼更是留下了"粗缯大布裹生涯，腹有诗书气自华。厌伴老儒烹瓠叶，强随举子踏槐花"的千古名句。

（纪红）

luán shù
栾 树 （《正字通》）

木栾（《救荒本草》），栾华（《植物名实图考》），
五乌拉叶（甘肃），乌拉（河北），乌拉胶、黑色叶树（河北），
黑叶树、木栏牙（河南）
无患子科栾树属

***Koelreuteria paniculata* Laxm.**
paniculed goldraintree

特征：落叶乔木或灌木。叶丛生于当年生枝上，平展，一回、不完全二回或偶有为二回羽状复叶，长可达50厘米；小叶（7）11-18片，对生或互生，纸质，卵形、阔卵形至卵状披针形。聚伞圆锥花序长25-40厘米，在末次分枝上的聚伞花序具花3-6朵，密集呈头状；花淡黄色，稍芬芳；萼裂片卵形，边缘具腺状缘毛，呈啮蚀状；花瓣4，开花时向外反折，线状长圆形，长5-9毫米，瓣爪长1-2.5毫米，被长柔毛，瓣片基部的鳞片初时黄色，开花时橙红色，有参差不齐的深裂；雄蕊8枚，在雄花中的长7-9毫米，雌花中的长4-5毫米；花盘偏斜，有圆钝小裂片；子房三棱形。蒴果圆锥形，具3棱，长4-6厘米，顶端渐尖，果瓣卵形，外面有网纹；种子近球形，直径6-8毫米。

花期6-8月，果期9-10月。

用途：为我国乡土树种，南北各省均有种植，耐寒耐旱，常栽培作庭园观赏树。木材黄白色，易加工，可制家具；叶可作蓝色染料，花供药用，亦可作黄色染料。

位置：中心校区老化学楼（A30）东南和西南角、洪家楼校区体育场（A24）有栽培。

予生自有神仙缘，何必寻真？红的花开小春，碧檀栾树倚苍云。
（元·张可久《【中吕】满庭芳·碧山丹房闲》）

quán yuán yè luán shù

全缘叶栾树（《植物分类学报》）

图扎拉、巴拉子（湖南），山膀胱（南京）

无患子科栾树属

***Koelreuteria bipinnata* var. *integrifoliola* (Merr.) T. C. Chen.**

bougainvillea goldraintree

特征：落叶乔木，高可达20余米。二回羽状复叶，长45-70厘米；小叶9-17片，互生，很少对生，纸质或近革质，斜卵形，通常全缘。圆锥花序大型，长35-70厘米；萼5裂达中部，裂片阔卵状三角形或长圆形，边缘呈啮蚀状；花瓣4，长圆状披针形，被长柔毛，鳞片深2裂；雄蕊8枚，花丝被白色、开展的长柔毛；子房三棱状长圆形，被柔毛。蒴果椭圆形或近球形，具3棱，淡紫红色，老熟时褐色，长4-7厘米，宽3.5-5厘米；果瓣椭圆形至近圆形，外面具网状脉纹，内面有光泽；种子近球形，直径5-6毫米。

花期7-9月，果期8-10月。

用途：为我国乡土树种，复羽叶栾树（*Koelreuteria bipinnata* Franch.）的变种，速生，常栽培于庭园供观赏。根入药，又为黄色染料。

位置：中心校区18号学生宿舍（A21）门口和洪家楼校区艺术学院（A12）南侧均有大树。

●芳华满树●

玉兰属（*Yulania*）：辛夷高花最先开

　　玉兰属是木本双子叶植物中最原始的类群，也是春季开花较早的观花植物。中心校区和洪家楼校区共有玉兰属植物4种和1个品种，即望春玉兰（*Y. biondii*）、玉兰（*Y. denudata*）及其芽变品种飞黄玉兰（*Y. denudata* 'Fei Huang'）、紫玉兰（*Y. liliflora*）、二乔玉兰（*Y. soulangeana*）特征各异，很容易识别。

　　望春玉兰开花最早，2月底始花，花被片白色，中部略外折，叶片狭长；玉兰花期3月初，花直立，花被片白色，叶片宽倒卵形；紫玉兰花叶同开，花瓶形，外轮花被片萼片状，内轮花被片紫红色；二乔玉兰的特征介于玉兰和紫玉兰之间；飞黄玉兰花期比玉兰和紫玉兰再晚一点，约3月底，花直立半开，花被片淡黄绿色。

　　玉兰属植物的花端庄优雅，美丽芳香。自先秦以来，这类植物在诗词歌赋中广为传唱，也是中国传统女性贤淑高雅形象的象征，广泛应用在中国传统绘画、刺绣和服装设计中。望春玉兰、玉兰、紫玉兰的花均可作为"辛夷"入药，但据考证，望春玉兰的花是中药"辛夷"的正品，明代王象晋的《二如亭群芳谱》中也将"辛夷"作为望春花（望春玉兰）的正名列出。

　　自清代起，将紫玉兰称为"辛夷"的说法逐渐流行，但紫玉兰为灌木，花紫红色，与明代以前文献对辛夷花的描述差别较大。白居易有诗"辛夷花白柳梢黄"，韩愈有诗"辛夷高花最先开"，王安石亦有诗"辛夷屋角抟香雪""辛夷花发白如雪"等，这些对辛夷的描述均与望春玉兰相吻合。

wàng chūn yù lán

望春玉兰 （《中国树木分类学》）

辛夷、木笔、望春（《二如亭群芳谱》）

木兰科玉兰属

Yulania biondii（**Pamp.**）**D. L. Fu**

magnolia biondii, flos magnoliae

特征： 落叶乔木，高可达12米，胸径可达1米。树皮淡灰色，光滑，常有褶皱。叶椭圆状披针形、卵状披针形，狭倒卵或卵形，长10-18厘米，宽3.5-6.5厘米。花先叶开放，直径6-8厘米，芳香；花被9，外轮3片紫红色，近狭倒卵状条形，长约1厘米，中内两轮近匙形，白色，外面基部常紫红色，长4-5厘米，宽1.3-2.5厘米，内轮的较狭小；雄蕊长8-10毫米，花药长4-5毫米，紫色；雌蕊群长1.5-2厘米。聚合果圆柱形，长8-14厘米，常因部分不育而扭曲；果梗长约1厘米，径约7毫米；蓇葖浅褐色，近圆形，侧扁，具凸起瘤点；种子心形，外种皮鲜红色，内种皮深黑色。

花期3月，果熟期9月。

用途： 花可提出浸膏作香精；本种为优良的庭园绿化树种。亦可作玉兰及其他同属种类的砧木。经考证，本种是中药辛夷的正品。

位置： 中心校区大成广场（D15）有多株大树引种。

历史上望春玉兰与紫玉兰都有"辛夷"的别名，因此文献中多有混淆。《二如亭群芳谱》中称辛夷"高丈余"，叶"花落始出"，花苞"俨如笔头""花开似莲而小如盏""作莲及兰花香"，即是望春玉兰的生动写照。而陈淏子在《花镜》中称辛夷"较玉兰树差小""花落叶出而无实"，可能是《二如亭群芳谱》中所说的辛夷的幼树。

（张淑萍）

望春玉兰的聚合蓇葖果

望春玉兰的树皮灰白色，褶皱，布满皮孔

玉 兰

玉 兰
yù lán

木兰（《述异记》），玉堂春（广州），迎春花（浙江），望春花
（江西），白玉兰（河南），应春花（湖北）

木兰科玉兰属

Yulania denudata（**Desr.**）**D. L. Fu**

yulan magnolia

特征： 落叶乔木，高可达25米。冬芽芽鳞及花梗密被淡灰黄色长绢
毛。叶纸质，倒卵形、宽倒卵形或倒卵状椭圆形，长10-15（18）厘
米，宽6-10（12）厘米。花蕾卵圆形，花先叶开放，直立，芳香，直径
10-16厘米；花被片9片，白色，基部常带粉红色，长圆状倒卵形，长
6-8（10）厘米，宽2.5-4.5（6.5）厘米；雄蕊长7-12毫米，花药长6-7
毫米，侧向开裂；雌蕊群淡绿色，长2-2.5厘米；雌蕊狭卵形，长3-4
毫米。聚合果圆柱形（在庭园栽培种常因部分心皮不育而弯曲），长
12-15厘米，直径3.5-5厘米；蓇葖厚木质，褐色；种子心形，侧扁，
外种皮红色，内种皮黑色。

花期2-3月，果期8-9月。

用途： 材质优良，可供家具、细木工等用；花蕾入药与"辛夷"功效
相似；花含芳香油，可提取配制香精或制浸膏；花被片食用或用于熏
茶；种子榨油供工业用。早春白花满树，艳丽芳香，为驰名中外的庭
园观赏树种。

位置： 中心校区大成广场（D15）、原生命科学学院南楼（A53）南
侧、邵逸夫科学馆（A39）南侧花园、春风园（D8）和洪家楼校区图书
馆（A16）西侧花园、法学院新楼（A17）东侧河边等多处均有种植。

　　玉兰是高树上开花，朵朵素面朝天，阳光中熠熠生辉，一派清扬。美妙的还有斜枝柔条挑花朵，清风来分，花枝起舞，动静相宜，绰约有致。绕树看花，忽觉群花如群鸟展翅，又如一干花仙子栖落枝头，偶尔俯瞰红尘，浅笑盈盈，清媚曼妙，让人即时懂得了明代文征明那首《咏玉兰》的诗意："绰约新妆玉有辉，素娥千队雪成围。我知姑射真仙子，天遣霓裳试羽衣。"

（纪红）

fēi huáng yù lán

飞黄玉兰

木兰科玉兰属

***Yulania denudata* 'Fei Huang'**

'Fei Huang' yulan

特征： 为玉兰的一个自然芽变新品种。花被片淡黄绿色，花期4月，比玉兰花期稍晚。广泛用于园林绿化和观赏。

不要急于相见，等庭院盛开温馨的玉兰。温馨的玉兰，举杯把盏，花好月圆。

（汪国真《不要急于相见》）

zǐ yù lán
紫 玉 兰 （河南）

辛夷（江苏），木笔（《花镜》）

木兰科玉兰属

***Yulania liliiflora* (Desr.) D. L. Fu**

lily magnolia, purple magnolia

特征：落叶灌木，高达3米，常丛生。叶椭圆状倒卵形或倒卵形，长8-18厘米，宽3-10厘米。花蕾卵圆形，被淡黄色绢毛；花叶同时开放，瓶形，直立于粗壮、被毛的花梗上，稍有香气；花被片9-12，外轮3片萼片状，紫绿色，披针形长2-3.5厘米，常早落，内两轮肉质，外面紫色或紫红色，内面带白色，花瓣状，椭圆状倒卵形，长8-10厘米，宽3-4.5厘米；雄蕊紫红色，长8-10毫米，花药长约7毫米，侧向开裂；雌蕊群长约1.5厘米，淡紫色，无毛。聚合果深紫褐色，变褐色，圆柱形，长7-10厘米；成熟蓇葖近圆球形，顶端具短喙。

花期3-4月，果期8-9月。

用途：本种与玉兰同为我国两千多年的传统花卉。树皮、叶、花蕾均可入药；花蕾晒干后称"辛夷"，亦作玉兰、白兰等木兰科植物嫁接的砧木。

位置：中心校区明德楼（A32）北侧有种植。

识花攻略：紫玉兰常灌木状，花和叶同时开放，一年中可开花2-3次，外轮花被片萼片状，紫绿色，披针形。

明代陈淳《玉兰》诗云："花开不是辛夷种，自得凝香绕紫苞。昨夜月明庭下看，恍疑罗袖拂琼瑶。"不仅形象地勾勒出了紫玉兰的绰约风姿，同时也明确了紫玉兰不是"辛夷"的正种。如《二如亭群芳谱》中所载，望春花（望春玉兰）才是中药"辛夷"的正种。

（张淑萍）

èr qiáo yù lán
二乔玉兰 （《中国树木志》）

木兰科玉兰属

***Yulania × soulangeana* (Soul.-Bod.) D. L. Fu**
twins magnolia, saucer magnolia

特征： 本种是玉兰与紫玉兰的杂交种，为落叶小乔木，高6-10米。叶纸质，倒卵形，长6-15厘米，宽4-7.5厘米。花蕾卵圆形，花先叶开放，浅红色至深红色，花被片6-9，外轮3片花被片常较短约为内轮长的2/3；雄蕊长1-1.2厘米，花药长约5毫米，侧向开裂，雌蕊群无毛，圆柱形，长约1.5厘米。聚合果长约8厘米，直径约3厘米；蓇葖卵圆形或倒卵圆形，长1-1.5厘米，熟时黑色；种子深褐色，宽倒卵圆形或倒卵圆形，侧扁。

花期2-3月，果期9-10月。

用途： 本种的花被片大小形状不等，紫色或有时近白色，芳香或无芳香，观赏价值极高。园艺品种约有20个，亚热带和暖温带地区多地栽培。

位置： 中心校区大成广场（D15）、明德楼（A32）南侧、春风园（D8）、邵逸夫科学馆（A39）南侧和洪家楼校区图书馆（A16）西侧花园有种植。

shān zhū yú

山茱萸 （《神农本草经》）

山茱萸科山茱萸属

Cornus officinalis **Siebold et Zucc.**

medical dogwood

特征： 落叶乔木或灌木，高4-10米。叶对生，纸质，卵状披针形或卵状椭圆形，长5.5-10厘米，宽2.5-4.5厘米。伞形花序生于枝侧，有总苞片4，卵形，厚纸质至革质，开花后脱落；总花梗粗壮，微被灰色短柔毛；花小，两性，先叶开放；花萼裂片4，阔三角形，长约0.6毫米；花瓣4，舌状披针形，长3.3毫米，黄色，向外反卷；雄蕊4，与花瓣互生，花丝钻形，花药椭圆形，2室；花盘垫状，无毛；子房下位，花托倒卵形，花柱圆柱形，柱头截形；花梗纤细，密被疏柔毛。核果长椭圆形，长1.2-1.7厘米，直径5-7毫米，红色至紫红色；核骨质，狭椭圆形，有几条不整齐的肋纹。

花期3-4月；果期9-10月。

用途： 本种（包括川鄂山茱萸）的果实称"萸肉"，俗名"枣皮"，可供药用，味酸涩，性微温，为收敛性强壮药。

位置： 中心校区大成广场（D15）和洪家楼校区图书馆（A16）西侧花园有栽培。

méi

梅 （《诗经》）

春梅（江苏南通），干枝梅（北京）

蔷薇科杏属

Armeniaca mume Siebold

Mei, plum

特征： 小乔木，稀灌木。树皮浅灰色或带绿色，平滑。叶片卵形或椭圆形，边常具小锐锯齿；叶柄幼时具毛，常有腺体。花单生或有时2朵同生于1芽内，直径2-2.5厘米，香味浓，先于叶开放；花梗短，长1-3毫米，常无毛；花萼通常红褐色，但有些品种的花萼为绿色或绿紫色；萼片卵形或近圆形；花瓣倒卵形，白色至粉红色；子房密被柔毛。果实近球形，直径2-3厘米，黄色或绿白色，被柔毛，味酸。

花期冬春季，果期5-6月（在华北果期延至7-8月）。

用途： 梅原产我国南方，已有三千多年的栽培历史，是重要观赏树种和果树。果可食、盐渍或干制，或熏制成乌梅入药，有止咳、止泻、生津、止渴之效。

位置： 中心校区南门（C1）内喷泉两侧、邵逸夫科学馆（A39）前花园。

　　一朵红梅从梅蕾初育到含苞待放到花开半酣到盛开怒放，其红也自是红得不同。我特喜欢将开未开、梅唇将启之时的梅红，希望至美满、生机至玉成，仿佛不必绽放已足矣。我也喜欢花开半意时的梅红，含着明亮之光的最妩媚的梅红。

（纪红）

娇粉轻云衣，玉钗金丝塑。盈袖暗香浮，疑入梅花坞。

（张淑萍）

青梅煮酒斗时新。天气欲残春。

（宋·晏殊《诉衷情·青梅煮酒斗时新》）

　　识花攻略：白梅与杏花较难分辨，梅花的花瓣较圆润坚挺而杏花的花瓣略大而微皱；杏花的花萼向后反折如"小翻领"，而梅花的花萼不反折如"小立领"。

měi rén méi

美人梅

蔷薇科李属

***Prunus × blireana* 'Meiren'**

armeniaca mume, beauty mei

特征： 美人梅是园艺杂交种，又称"樱李梅"，由重瓣粉型梅花
与红叶李杂交而成。

xìng

杏 （《山海经》）

杏树（《救荒本草》），杏花（《花镜》）

蔷薇科杏属

Armeniaca vulgaris Lam.

apricot

特征： 落叶乔木，高5-8(12)米。树皮灰褐色，纵裂；多年生枝浅褐色，皮孔大而横生，一年生枝浅红褐色，具多数小皮孔。叶片宽卵形或圆卵形，长5-9厘米，宽4-8厘米。花单生，直径2-3厘米，先于叶开放；花梗短，长1-3毫米；花萼紫绿色，萼筒圆筒形；萼片卵形至卵状长圆形，花后反折；花瓣圆形至倒卵形，白色或带红色，具短爪；雄蕊20-45，稍短于花瓣；子房被短柔毛，花柱稍长或几与雄蕊等长。果实球形，稀倒卵形，直径2.5厘米以上，白色、黄色至黄红色，常具红晕，微被短柔毛；果肉多汁，成熟时不开裂；核卵形或椭圆形，两侧扁平；种仁味苦或甜。

花期3-4月，果期6-7月。

用途： 种仁（杏仁）入药，有止咳祛痰、定喘润肠之效。

位置： 中心校区3号学生宿舍（A13）前花园有一株大树。

shān táo

山 桃 （《中国树木分类学》）

榹桃（《尔雅》）

蔷薇科桃属

Amygdalus davidiana (Carrière) de Vos ex L. Henry
david peach

特征： 乔木；树皮暗紫色，光滑；小枝细长，直立，幼时无毛，老时褐色。叶片卵状披针形，两面无毛，叶边具细锐锯齿；叶柄无毛，常具腺体。花单生，先于叶开放，直径2-3厘米；花梗极短或几无梗；花萼无毛；萼片卵形至卵状长圆形，紫色；花瓣倒卵形或近圆形，粉红色；雄蕊多数；子房被柔毛。果实近球形，直径2.5-3.5厘米，淡黄色，外面密被短柔毛；核球形或近球形，两侧不压扁，表面具纵、横沟纹和孔穴，与果肉分离。

　　花期3-4月，果期7-8月。

用途： 本种抗旱耐寒，耐盐碱，在华北地区常作为嫁接桃、梅、李等果树的砧木，也可供观赏。木材质硬而重，可作各种细工及手杖。果核可做玩具或念珠。

位置： 中心校区南门（C1）内东侧花园（D16）、老化学楼（A30）前有白山桃；洪家楼校区艺术学院（A12）东北角花园有红山桃，罗荣桓雕像（D2）东侧花园亦有白山桃、红山桃各一株。

　　识花攻略：山桃与桃难分辨。山桃叶片卵状披针形，有长长的尾巴，桃的叶片为窄椭圆形，没有拖尾；山桃花小、萼片无毛，桃花大、萼片有毛；山桃果实小而干燥，离核，桃的果实大而多汁。

　　无事闭门教日晚，山桃落尽不胜情。

（唐·吕温《看浑中丞山桃花初有他客不通晚方得入因有戏赠》）

táo

桃 （《诗经》）

陶古日（蒙语）

蔷薇科桃属

Amygdalus persica L.

peach

特征： 乔木，树皮暗红褐色；小枝绿色，向阳处转变成红色，具大量横生的皮孔。叶片长圆披针形、椭圆披针形或倒卵状披针形，叶边有锯齿。花单生，先于叶开放，与绿色的顶芽同出，直径2.5-3.5厘米；萼片卵形至长圆形，外被短柔毛；花瓣长圆状椭圆形至宽倒卵形，粉红色，罕为白色；雄蕊20-30，花药绯红色；子房被短柔毛。核果，卵形、宽椭圆形或扁圆形，色泽由淡绿白色至橙黄色，常在向阳面具红晕，外面密被短柔毛。

花期3-4月，果实成熟期因品种而异，通常为8-9月。

用途： 花可观赏；果可食用；树干上分泌的胶质，俗称"桃胶"，可食用、药用或用作黏接剂等；桃木可雕刻作手工艺品。在温带地区广泛栽培。

位置： 中心校区老化学楼（A30）前、原环境科学与工程学院楼（A52）前均有种植；洪家楼校区学生公寓13号楼（A8）前曾有一株，2018年冬因施工去除。

　　"桃之夭夭，灼灼其华"，却又分明气质静定。"静"是桃花的品、桃花的骨。
这静，是那村中一株桃花"春事烂漫到难收难管，亦依然简静"的静，也是村民那种
"只好比平畴远畈有桃花林"的桃花林的静。那是娇娆之中的淳厚、朴素之中的阔达，
是飞扬之中的沉着、艳丽之中的清嘉，总归是个好。

（纪红）

zǐ yè táo huā

紫叶桃花

蔷薇科桃属

Amygdalus persica f. _atropurpurea_ Schneid.

peach

特征： 为桃的栽培变型，叶紫色，花绯红或浅红色。常作为观赏树种栽培。

位置： 中心校区南门（C1）内东侧花园（D16）、原生命科学学院南楼（A53）西头（明德楼东头对面）。

^{pān táo}
蟠 桃 （《中国果树分类学》）

蔷薇科桃属

Amygdalus persica var. ***compressa*** (Loudon) T. T. Yu et L. T. Lu
flat peach, peento

特征： 蟠桃是桃的栽培变种，果实扁平，两端凹入；核小，圆形，有深沟纹。

识花攻略：蟠桃花瓣和花心颜色均较桃花浅淡，为淡粉红色。

qiān bàn bái táo
千瓣白桃 （《中国树木分类学》）

蔷薇科桃属

***Amygdalus persica* f. *albo-plena* Schneid.**

peach

特征： 为桃的栽培变型，枝条斜升，树形优美；花冠白色，重瓣；雄蕊多数，花药黄色。多用做观赏树。

位置： 洪家楼校区1号楼（A3，原政管楼）东北角有一株。

素衣云边裁，丝钗雾里埋。绿枝飞春雪，金粉落尘埃。

（张淑萍）

yú　yè　méi

榆叶梅 （《中国树木分类学》）

额勒伯特-其其格（蒙语）

蔷薇科桃属

Amygdalus triloba (Lindl.) Ricker

flowering plum

特征： 落叶灌木，稀小乔木，高2-3米。叶片宽椭圆形至倒卵形，长2-6厘米，宽1.5-3（4）厘米，叶边具粗锯齿或重锯齿。花1-2朵，先于叶开放，直径2-3厘米；萼筒宽钟形，长3-5毫米；萼片卵形或卵状披针形，近先端疏生小锯齿；花瓣近圆形或宽倒卵形，5或10个，长6-10毫米，粉红色；雄蕊25-30，短于花瓣；子房密被短柔毛，花柱稍长于雄蕊。果实近球形，直径1-1.8厘米，红色，外被短柔毛；核近球形，具厚硬壳，表面具不整齐的网纹。

花期4-5月，果期5-7月。

用途： 本种开花早，主要供观赏，常见栽培类型有：

1. 鸾枝（《群芳谱》），俗称"兰枝"，花单瓣，5或10个，淡粉红色。

2. 重瓣榆叶梅，花重瓣，多数，深粉红色。

位置： 鸾枝在中心校区图书馆（A31）东侧路边、春风园（D8）和洪家楼校区靠近教堂东墙处有栽培。

　　识花攻略：榆叶梅常在老茎的小短枝上开花，因其花梗极短，花儿便如簇在树干上一般，非常惊艳。另外，榆叶梅的老茎上常有大量俏皮的唇形皮孔，即使在枝枯叶落的冬天，我们也能一眼认出它来。

　　榆叶梅在我国有数百年的栽培历史，又名"小桃红"。它给人的印象确实名如其花，活泼、娇娆而又馨雅、精致，一树树既沐春风，即是春风。

（张淑萍）

chóng bàn yú yè méi

重瓣榆叶梅

蔷薇科桃属

***Amygdalus triloba* f. *multiplex* (Bunge) Rehder**

flowering plum

特征： 为榆叶梅的栽培变型，花重瓣，花瓣多数，粉红色或深粉红色。

用途： 花大艳丽，供观赏。

位置： 中心校区3号学生宿舍楼（A13）南侧花园、春风园（D8）和洪家楼校区图书馆（A16）西侧花园。

　　识花攻略：重瓣榆叶梅的花苞深粉色，非常饱满，开放后花瓣颜色逐渐变浅至粉色、淡粉色，但仍较鸾枝花色浓重。因是重瓣，自然比鸾枝花大而热烈浓艳，栽培也更为广泛。

dōng jīng yīng huā

东京樱花 （《中国树木分类学》）

日本樱花（《拉汉种子植物名称》），樱花（《经济植物手册》）

蔷薇科樱属

Cerasus yedoensis (Matsum.) Masam. et S. Suzuki

yoshino cherry, Tokyo cherry

特征： 落叶乔木，树皮灰色。叶片椭圆卵形或倒卵形，边有尖锐重锯齿。花序伞形总状，总梗极短，有花3-4朵，先叶开放，花直径3-3.5厘米；总苞片褐色，椭圆卵形，两面被疏柔毛；苞片褐色，匙状长圆形，边有腺体；花梗长2-2.5厘米，被短柔毛；萼片三角状长卵形，边有腺齿；花瓣白色或粉红色，椭圆卵形，先端下凹，全缘二裂；雄蕊约32枚；花柱基部有疏柔毛。核果近球形，直径0.7-1厘米，熟时黑色。

花期4月，果期5月。

用途： 原产日本。园艺品种很多，供观赏用。北京、西安、青岛、南京、南昌等城市庭园多有栽培。

位置： 中心校区南门（C1）内东侧花园（D16）有一株大树，原生命科学学院北楼（A51）门前北侧原有一株大树。

中心校区原生命科学学院北楼（A51）门前的东京樱花，2019 年夏季枯死，非常可惜。

shān yīng huā

山樱花 （《中国树木分类学》）

野生福岛樱（《经济植物手册》），樱花（《中国高等植物图鉴》）
蔷薇科樱属

Cerasus serrulata (Lindl.) G. Don ex London
cherry blossom

特征： 落叶乔木，高3-8米。树皮灰褐色或灰黑色。叶片卵状椭圆形或倒卵椭圆形，长5-9厘米，宽2.5-5厘米，边有渐尖单锯齿及重锯齿，齿尖有小腺体。花序伞房总状或近伞形，有花2-3朵；总苞片褐红色，倒卵长圆形；苞片褐色或淡绿褐色，边有腺齿；萼筒管状，长5-6毫米，宽2-3毫米，萼片三角披针形；花瓣白色，稀粉红色，倒卵形，先端下凹；雄蕊约38枚；花柱无毛。核果球形或卵球形，熟时紫黑色，直径8-10毫米。

花期4-5月，果期6-7月。

用途： 北方重要园林观赏树种。

位置： 中心校区南门（C1）东侧花园（D16）、原生命科学学院北楼（A51）门前和洪家楼校区图书馆（A16）门前花园均有大树。

山樱先春发，红蕊满霜枝。幽处竟谁见，芳心空自知。
（唐·吕温《衡州岁前游合江亭见山樱蕊未折因赋含彩客惊春》）

rì běn wǎn yīng

日本晚樱（《中国树木分类学》）

蔷薇科樱属

Cerasus serrulata (Lindl.) G. Don ex London var. *lannesiana* (Carrière) **Makino**
doubleflower cherry blossom

特征： 山樱花变种。落叶乔木。叶片卵状椭圆形或倒卵椭圆形，叶边有渐尖重锯齿，齿端有长芒；伞房花序总状或近伞形，常有香气；花瓣粉色，稀白色，倒卵形，多数。核果球形或卵球形，熟时紫黑色，直径8-10毫米。

花期3-5月。

用途： 我国各地庭园栽培，引自日本，供观赏用。

位置： 中心校区公教楼（A38）南、春风园（D8）、功能晶体材料楼（A36）南等多处有栽培。

　　中心校区公教楼前那园晚樱，春来一林子的繁花锦绣，烂漫到难管难收。唐代诗人白居易诗曰："小园新种红樱树，闲绕花行便当游。"这片樱林栽种已久，年年都是山大人绕花行的春游好去处。

（纪红）

ōu zhōu tián yīng táo

欧 洲 甜 樱 桃 （《中国树木分类学》）

欧洲樱桃（《经济植物手册》）

蔷薇科樱属

***Cerasus avium* (L.) Moench**

mazzard cherry, sweet cherry

特征： 落叶乔木，高达25米，树皮黑褐色。叶片倒卵状椭圆形或椭圆卵形，长3-13厘米，宽2-6厘米；托叶狭带形，长约1厘米，边有腺齿。花序伞形，有花3-4朵，花叶同开，花芽鳞片大形，开花期反折；总梗不明显；花梗长2-3厘米；萼筒钟状，长约5毫米，萼片长椭圆形，先端圆钝，全缘，与萼筒近等长或略长于萼筒，开花后反折；花瓣白色，倒卵圆形，先端微下凹；雄蕊约34枚；花柱与雄蕊近等长，无毛。核果近球形或卵球形，红色至紫黑色，直径1.5-2.5厘米；核表面光滑。

花期4-5月，果期6-7月。

用途： 原产欧洲和亚洲西部，我国东北、华北多引种作果树和园林观赏树种。果型大、风味优美，可生食或制罐头，樱桃汁可制糖浆、糖胶及果酒；核仁可榨油，似杏仁油。有重瓣、粉花及垂枝等品种可作观赏植物。

位置： 洪家楼校区公教楼（A14）东侧小河东岸花园有多株大树引种。

被灰喜鹊抢镜的欧洲甜樱桃，如一曲浑然天成的鹊踏枝。

chóu lǐ

稠李 （《中国树木分类学》）

臭耳子（甘肃），臭李子（东北）

蔷薇科稠李属

***Padus racemosa* (Lam.) Gilib.**

Europe birdcherry

特征： 落叶乔木，树皮粗糙而多斑纹。叶片椭圆形、长圆形或长圆倒卵形，边缘有不规则锐锯齿，有时混有重锯齿；托叶线形，边有带腺锯齿，早落。总状花序具有多花，基部通常有2-3叶，叶片与枝生叶同形，通常较小；花直径1-1.6厘米；萼片三角状卵形，边有带腺细锯齿；花瓣白色，长圆形，先端波状，有短爪；雄蕊多数，花丝长短不等；雌蕊1，心皮无毛，柱头盘状。核果卵球形，顶端有尖头，直径8-10毫米，红褐色至黑色，光滑；萼片脱落；核有褶皱。

花期4-5月，果期5-10月。

用途： 在欧洲和北亚长期栽培，有垂枝、花叶、大花、小花、重瓣、黄果和红果等变种，供观赏用。

位置： 中心校区大成广场（D15）花园西半部中部位置有栽培。

zī yè lǐ

紫叶李

蔷薇科李属

***Prunus cerasifera* f. *atropurpurea* (Jacq.) Rehder.**

myrobalan plum

特征： 此为樱桃李的紫叶变型。灌木或小乔木。叶片紫色，椭圆形、卵形或倒卵形，边缘有圆钝锯齿。花1朵，稀2朵；花梗长1-2.2厘米；花直径2-2.5厘米；萼片长卵形，边有疏浅锯齿；花瓣白色，长圆形或匙形；雄蕊25-30，花丝长短不等；雌蕊1，心皮被长柔毛，柱头盘状。核果近球形或椭圆形，直径1-3厘米，黄色、红色或黑色，微被蜡粉，具有浅侧沟，黏核。

花期4月，果期8月。

用途： 为华北庭园习见观赏树木之一，常年叶片紫色，引人注目。

位置： 中心校区至圣路（B13）两侧、原生命学院南楼（A53）北侧、大成广场（D15）和洪家楼校区图书馆（A16）前花园等多处有栽培，作为行道树或林下小乔木观赏。

　　一眼遥望，紫叶李的一树树紫色云霞在夏日的绿浪中显得那么醒目独特。靠近观察，就会发现它椭圆的紫色小叶下，春天里举着淡紫透白的五瓣小花，夏末时垂着暗红透紫的圆球小果，煞是可爱。

（陈钰）

　　花放雪纷纷，旖旎腾紫云。人过步摇摇，幽香暗断魂。

（张淑萍）

山大"海棠"知多少

"海棠"在中国传统园林和文化中都占有重要的地位，但"海棠"是一个泛称，是对苹果属（*Malus*）和木瓜属（*Chaenomeles*）多个野生、栽培物种和杂交品种的统称，因其树形优美、花繁叶茂、妩媚婀娜，在中国传统园林、庭院中广泛应用。

山大中心校区和洪家楼校区可称为"海棠"的植物物种、品种和杂交育种的亲本物种有十余个。其中，苹果属的4种，包括海棠花（*M. spectabilis*）、西府海棠（*M. × micromalus*）、垂丝海棠（*M. halliana*）、湖北海棠（*M. hupehensis*），并有引种的北美海棠品系，以及花红（*M. asiatica*）、山荆子（*M. baccata*）、毛山荆子（*M. mandshurica*）三个海棠品种繁育的重要亲本物种；木瓜属的海棠类植物也有4种，包括木瓜（俗称海棠，*C. sinensis*）、毛叶木瓜（别名木瓜海棠，*C. cathayensis*）、皱皮木瓜（别名贴梗海棠，*C. speciosa*）、日本木瓜（别名倭海棠，*C. japonica*）。这些植物的花期都是3-4月，果期8-10月。

苹果属的"海棠"和木瓜属的"海棠"之间差别较大，非常容易识别。苹果属的"海棠"一般具有伞形总状花序，花梗较长，果实圆球形，较小，通常直径1-2厘米，花红的果实较大，直径可达2-4厘米（太大就是苹果了），一般萼片宿存。木瓜属的"海棠"花梗较短，近无梗，单生或簇生，果实椭圆形，较大，长度可达5-15厘米，象小枕头一样。

苹果属"海棠"之间相似度较高，但抓住它们的花部和果实特征也能轻松识别。木瓜属"海棠"之间区别明显，仅凭花色就可以轻松驾驭。四月海棠花开，快来试试变身"海棠"达人吧。

mù guā

木瓜 （《尔雅》）

榠楂（《图经本草》），木李（《诗经》），海棠（广州土名）

蔷薇科木瓜属

Chaenomeles sinensis (Thouin) Koehne

China flowering quince

特征： 落叶灌木或小乔木，高达5-10米，树皮成片状脱落。叶片椭圆卵形或椭圆长圆形，稀倒卵形，长5-8厘米，宽3.5-5.5厘米，边缘有刺芒状尖锐锯齿，齿尖有腺。花单生于叶腋，花梗短粗，长5-10毫米；花直径2.5-3厘米；萼筒钟状外面无毛；萼片三角披针形，长6-10毫米，反折；花瓣倒卵形，淡粉红色；雄蕊多数，长不及花瓣之半；子房下位，花柱3-5，基部合生，柱头头状，有不显明分裂，约与雄蕊等长或稍长。果实长椭圆形，长10-15厘米，暗黄色，木质，味芳香，果梗短。

花期4月，果期9-10月。

用途： 习见栽培供观赏，果实味涩，水煮或浸渍糖液中供食用，入药有解酒、去痰、顺气、止痢之效。木材坚硬可作床柱用。

位置： 中心校区知新楼（A41）A座门前、大成广场（D15）、南门（C1）内东侧花园（D16）有栽培。

　　木瓜是一种坚硬味涩的果实，但成熟后芳香怡人，久存不坏。《国风·卫风·木瓜》中说："投我以木瓜，报之以琼琚。匪报也，永以为好也！"更有宋代范成大的"琼瑶难报木瓜投"和朱敦儒的"枕畔木瓜香，晓来清兴长"加注。　可见，古人对木瓜的情感寄托堪比美玉又胜过美玉。传说木瓜是古代女子的珍爱之物，常被放在箱笼中熏香衣物。木瓜为礼，自然是"琼瑶难报"了。

　　　　　　　　　　　　　　　　　　　　　　　　　　　　　　　　　　　（张淑萍）

zhòu pí mù guā

皱 皮 木 瓜 （《中国树木分类学》）

木瓜、楙（《本草纲目》），贴梗海棠（《群芳谱》），贴梗木瓜
（《中国高等植物图鉴》），铁脚梨（《河北习见树木图说》）
蔷薇科木瓜属

***Chaenomeles speciosa* (Sweet) Nakai**
wrinkle flowering quince

特征：落叶灌木，高可达2米，枝条直立开展，有刺。叶片卵形至椭圆形，稀长椭圆形，长3-9厘米，宽1.5-5厘米；托叶大形，草质，肾形或半圆形，稀卵形。花先叶开放，3-5朵簇生于二年生老枝上；花梗短粗，长约3毫米或近于无柄；花直径3-5厘米；萼筒钟状；萼片直立，半圆形稀卵形，长3-4毫米。宽4-5毫米，长约萼筒之半；花瓣倒卵形或近圆形，基部延伸成短爪，长10-15毫米，宽8-13毫米，猩红色，稀淡红色或白色；雄蕊45-50，长约花瓣之半；花柱5，基部合生，柱头头状，约与雄蕊等长。果实球形或卵球形，直径4-6厘米，黄色或带黄绿色，有稀疏不显明斑点，味芳香。

花期3-5月，果期9-10月。

用途：各地习见栽培，花色大红、粉红、乳白且有重瓣及半重瓣品种。果实含苹果酸、酒石酸及维生素C等，干制后入药，有驱风、舒筋、活络、镇痛、消肿、顺气之效。

位置：作为林下观花灌木或绿篱在中心校区和洪家楼校区多处有栽培，但仅有中心校区大成广场（D15）西南角和洪家楼校区新法学楼（A17）门前的几株大灌木结果。

识花攻略：中心校区大成广场西南角（梅园西头）的几株皱皮木瓜高 2-3 米，花期在梅花盛开之后，开得最是热烈奔放，盛夏的果实也饱满结实，像小枕头一样，煞是可爱。

我们常看到的皱皮木瓜是这样的灌木，一般只开花，不结果，是单纯的观花品种，常被修剪为球形或做绿篱使用。因其花梗极短，花儿们便如贴生在枝干上一般，从头开到脚，令人心生欢喜。

máo yè mù guā

毛叶木瓜 （《中国树木分类学》）

木桃（《诗经》），木瓜海棠（《群芳谱》）

蔷薇科木瓜属

Chaenomeles cathayensis Schneid.

hairyleaf flowering quince

特征： 落叶灌木至小乔木，高2-6米。枝条直立，具短枝刺。叶片椭圆形、披针形至倒卵披针形，长5-11厘米，宽2-4厘米；托叶草质，肾形、耳形或半圆形。花先叶开放，2-3朵簇生于二年生枝上，花梗短粗或近于无梗；花直径2-4厘米；萼筒钟状；萼片直立，卵圆形至椭圆形，长3-5毫米，宽3-4毫米，先端圆钝至截形，全缘或有浅齿及黄褐色睫毛；花瓣倒卵形或近圆形，半蜡质，长10-15毫米，宽8-15毫米，淡粉红色或白色；雄蕊45-50，长约花瓣之半；花柱5，基部合生，柱头头状。果实卵球形或近圆柱形，先端有突起，常有凹皱，长8-12厘米，宽6-7厘米，黄色有红晕，味芳香。

花期3-5月，果期9-10月。

用途： 果实入药可作木瓜的代用品。各地习见栽培作观赏树种，耐寒力不及木瓜和皱皮木瓜。

位置： 中心校区3号学生宿舍（A13）南侧花园中央花坛附近和洪家楼校区新法学楼（A17）门前、2号楼（公安处 A4）南侧花园均有种植。

rì bēn mù guā

日本木瓜（《中国树木分类学》）

倭海棠（《中国树木分类学》），楂子、和圆子（《中国药学大辞典》）

蔷薇科木瓜属

***Chaenomeles japonica* (Thunb.) Spach**

Japan floweringquince, Japan quince

特征： 落叶矮灌木，高不足1米，枝条广开，有细刺。叶片倒卵形、匙形至宽卵形，长3-5厘米，宽2-3厘米；托叶肾形有圆齿。花3-5朵簇生，花梗短或近于无梗；花直径2.5-4厘米；萼筒钟状，外面无毛；萼片卵形，稀半圆形，长4-5毫米，比萼筒约短一半；花瓣倒卵形或近圆形，基部延伸成短爪，长约2厘米，宽约1.5厘米，砖红色或粉红色、淡黄白色；雄蕊40-60，长约花瓣之半；花柱5，基部合生，柱头头状，约与雄蕊等长。果实近球形，直径3-4厘米，黄色，萼片脱落。

花期3-6月，果期8-10月。

用途： 原产日本，陕西、江苏、浙江庭园习见栽培，供观赏。

位置： 中心校区原生命科学学院南楼（A53）东北角路和北侧路边有栽培。

海棠花 （《中国树木分类学》）

海棠（《河北习见树木图说》）

蔷薇科苹果属

Malus spectabilis (Aiton) Borkh.

China flowering apple, Asiatic apple, Chinese crab

特征： 落叶乔木，高可达8米。小枝粗壮，圆柱形，幼时具短柔毛，逐渐脱落，老时红褐色或紫褐色。叶片椭圆形至长椭圆形，长5-8厘米，宽2-3厘米；托叶膜质，窄披针形。花序近伞形，有花4-6朵，花梗长2-3厘米，具柔毛；苞片膜质，披针形，早落；花直径4-5厘米；萼筒外面无毛或有白色绒毛；萼片三角卵形，比萼筒稍短；花瓣卵形，长2-2.5厘米，宽1.5-2厘米，基部有短爪，白色，在芽中呈粉红色，开放后逐渐变白；雄蕊20-25，花丝长短不等，长约花瓣之半；花柱5，稀4，比雄蕊稍长。果实近球形，直径2厘米，黄色，萼片宿存，梗洼隆起；果梗细长，先端肥厚，长3-4厘米。

花期4-5月，果期8-9月。

用途： 为我国著名观赏树种，华北、华东各地习见栽培。园艺变种有粉红色重瓣者［ var. *riversii* (Kirchn.) Rehder］，有白色重瓣者（var. *albiplena* Schelle）。

位置： 中心校区文史楼（A8）北侧花园的中心花坛西南侧有一株。

海棠庭院又春深，一寸光阴万两金。拂曙起来人不解，只缘难放惜花心。

（明·唐寅《惜花春起早》）

xī fǔ hǎi táng

西府海棠 （《群芳谱》）

海红（《本草纲目》），小果海棠（《华北经济植物志要》），子母海棠（河北土名）

蔷薇科苹果属

Malus × micromalus Makino

midget crabapple

特征： 落叶小乔木，高达2.5-5米，树枝直立性强。叶片长椭圆形或椭圆形，长5-10厘米，宽2.5-5厘米；托叶膜质，线状披针形，早落。伞形总状花序，有花4-7朵，集生于小枝顶端，花梗长2-3厘米；苞片膜质，线状披针形，早落；花直径约4厘米；萼筒外面密被白色长绒毛；萼片三角卵形，三角披针形至长卵形，内面被白色绒毛；花瓣近圆形或长椭圆形，长约1.5厘米，基部有短爪，初开时为深粉红色，逐渐变浅至白色；雄蕊约20，花丝长短不等，比花瓣稍短；花柱5，约与雄蕊等长。果实近球形，直径1-1.5厘米，红色或黄色，萼洼梗洼均下陷，萼片多数脱落，少数宿存。

花期4-5月，果期8-9月。

用途： 为常见栽培的果树及观赏树。树姿直立，花朵密集，花色艳丽，果味酸甜。栽培品种很多，果实形状、大小、颜色和成熟期均有差别，所以有热花红、冷花红、铁花红、紫海棠、红海棠、老海红、八楞海棠等。

位置： 中心校区和洪家楼校区多处有栽培。

中心校区图书馆东北角花园后的西府海棠

　　"佳人"本陕西西府（今陕西宝鸡）人氏，故名之"西府海棠"。花开时满树婆娑，花落时漫天飞雪，好似是暮春三月里一场粉融融的梦。一树的花影摇曳，留下深深浅浅的笑靥，那深的是茜红的花背，浅的是淡白的瓣面，中间再缀上鹅黄青葱的一撮细蕊。"只恐夜深花睡去，故烧高烛照红妆。"人说"春风如酒"，这春夜微醺轻暖的风里，总也少不了酿进一味西府海棠软糯恬淡的香。

（吴雪菡）

最爱是"庭前木叶半青黄",
这初秋黄橙橙的果实是否还在做
着如烟细雨中春花的梦?

（张淑萍）

chuí sī hǎi táng

垂丝海棠 （《群芳谱》）

蔷薇科苹果属

***Malus halliana* Koehne**

hall crabapple

特征： 落叶小乔木，高可达5米，树冠开展；小枝细弱，紫色或紫褐色。叶片卵形或椭圆形至长椭卵形，长3.5-8厘米，宽2.5-4.5厘米；托叶小，膜质，披针形，内面有毛，早落。伞房花序，具花4-6朵，花梗细弱，长2-4厘米，下垂，有稀疏柔毛，紫色；花直径3-3.5厘米；萼筒紫色；萼片三角卵形，紫色，长3-5毫米，内面密被绒毛，与萼筒等长或稍短；花瓣倒卵形，长约1.5厘米，基部有短爪，粉红色，常在5数以上；雄蕊20-25，花丝长短不齐，约等于花瓣之半；花柱4或5，较雄蕊为长，基部有长茸毛，顶花有时缺少雌蕊。果实梨形或倒卵形，直径6-8毫米，熟时紫色，萼片脱落。

花期3-4月，果期9-10月。

用途： 落叶小乔木，嫩枝、嫩叶均带紫红色，花粉红色，下垂，早春期间甚为美丽，各地常见栽培供观赏用，有重瓣、白花等变种。

位置： 中心校区3号学生宿舍（A13）前花园东北角、图书馆（A31）后东花园东北角路边和洪家楼校区3号教学楼（A2）东北角花园有栽培。

中心校区 3 号学生宿舍前花园东北角（紫藤架西侧）的垂丝海棠

hú běi hǎi táng
湖北海棠 （《中国树木分类学》）

野海棠（河南土名），野花红（浙江土名），秋子（四川土名），茶海棠（《中国植物图谱》）
蔷薇科苹果属

Malus hupehensis (Pamp.) Rehder
Hubei crabapple

特征： 落叶乔木，高可达8米。叶片卵形至卵状椭圆形，长5-10厘米，宽2.5-4厘米。托叶草质至膜质，线状披针形，早落。伞房花序，具花4-6朵，花梗长3-6厘米；苞片膜质，披针形，早落；花直径3.5-4厘米；萼筒外面无毛或稍有长柔毛；萼片三角卵形，先端渐尖或急尖，长4-5毫米，内面有柔毛，略带紫色，与萼筒等长或稍短；花瓣倒卵形，长约1.5厘米，基部有短爪，粉白色或近白色；雄蕊20，花丝长短不齐，约等于花瓣之半；花柱3，稀4，基部有长茸毛，较雄蕊稍长。果实椭圆形或近球形，直径约1厘米，黄绿色稍带红晕，萼片脱落；果梗长2-4厘米。

花期4-5月，果期8-9月。

用途： 四川、湖北等地用分根萌蘖作为苹果砧木，嫁接成活率高。嫩叶晒干作茶叶代用品，味微苦涩，俗名"花红茶"。

位置： 中心校区文史楼（A8）北3号学生宿舍（A13）南花园内有一株大树，花开时非常壮观。

识花攻略：湖北海棠的花有3个花柱，可以与具有5或4个花柱的海棠花、西府海棠、垂丝海棠、山荆子等种类相区别。

文史楼北花园内冯沅君、陆侃如伉俪塑像旁的湖北海棠

huā hóng
花红 （《中国树木分类学》）

林檎（《河北习见树木图说》），文林郎果（《本草纲目》），沙果
（河北土名）
蔷薇科苹果属

***Malus asiatica* Nakai**
China pearleaf crabapple

特征： 落叶小乔木，高4-6米。小枝粗壮，圆柱形，嫩枝密被柔毛。
叶片卵形或椭圆形，长5-11厘米，宽4-5.5厘米；托叶小，膜质，披针
形，早落。伞房花序，具花4-7朵，集生在小枝顶端；花梗长1.5-2厘
米，密被柔毛；花直径3-4厘米；萼筒钟状，外面密被柔毛；萼片三
角披针形，内外两面密被柔毛，萼片比萼筒稍长；花瓣倒卵形或长圆
倒卵形，长8-13毫米，宽4-7毫米，基部有短爪，淡粉色至白色；雄
蕊17-20，花丝长短不等，比花瓣短；花柱4（5），基部具长茸毛，
比雄蕊较长。果实卵形或近球形，直径4-5厘米，黄色或红色，先端
渐狭，不具隆起，基部陷入，宿存萼肥厚隆起。

　　花期4-5月，果期8-9月。

用途： 果实多数不耐储藏运输，供鲜食用，并可制果干、果丹皮及酿
果酒。

位置： 中心校区稷下广场（D6）西南角有栽培，与山荆子、北美海棠
并植。

识花攻略：花红与山荆子非常相似，但花比山荆子大，花梗和果梗较山荆子短，果实比山荆子明显大，且花萼肥厚宿存，较易分辨。花红的花与海棠花也容易混淆，但花红的果实明显大，果梗短，口味甜酸，可以区分。

shān jīng zǐ
山荆子 （《河北习见树木图说》）

林荆子（《经济植物学》），山定子（河北土名）

蔷薇科苹果属

Malus baccata (L.) Borkh.

siberia crabapple

特征： 落叶乔木，高可达10-14米，树冠广圆形。叶片椭圆形或卵形，长3-8厘米，宽2-3.5厘米；托叶膜质，披针形，早落。伞形花序，具花4-6朵，无总梗，集生在小枝顶端，直径5-7厘米；花梗细长，1.5-4厘米；苞片膜质，线状披针形，早落；花直径3-3.5厘米；萼筒外面无毛；萼片披针形，先端渐尖，内面被绒毛，长于萼筒；花瓣倒卵形，长2-2.5厘米，先端圆钝，基部有短爪，白色，蕾期带浅粉红色；雄蕊15-20，长短不齐，约等于花瓣之半；花柱5或4，基部有长柔毛，较雄蕊长。果实近球形，直径8-10毫米，红色或黄色，柄洼及萼洼稍微陷入，萼片脱落；果梗长3-4厘米。
　　花期4-6月，果期9-10月。

用途： 生长茂盛，繁殖容易，耐寒力强，我国东北、华北各地用作苹果和花红等植物的砧木。各种山荆子，尤其是大果型变种，可作培育耐寒苹果品种的原始材料。

位置： 中心校区稷下广场（D6）西南角和洪家楼校区1号楼（A3原政管楼）西南角花园有栽培。

识花攻略：山荆子与湖北海棠易混淆，有两点可帮助识别。山荆子花柱5或4，湖北海棠花柱3；山荆子果梗稍长而柔软，果熟时常下垂。

máo shān jīng zǐ

毛山荆子（《东北木本植物图志》）

辽山荆子（《河北习见树木图说》），棠梨木（吉林土名）

蔷薇科苹果属

Malus mandshurica (Maxim.) Kom. ex Juz.

Manchurian crabapple

特征： 落叶乔木，高可达15米。叶片卵形、椭圆形至倒卵形，长5-8厘米，宽3-4厘米，边缘有细锯齿，基部锯齿浅钝近于全缘；叶柄长3-4厘米，具稀疏短柔毛；托叶叶质至膜质，线状披针形，早落。伞形花序，具花3-6朵，无总梗，集生在小枝顶端，直径6-8厘米；花梗长3-5厘米，有疏生短柔毛；苞片小，膜质，线状披针形，早落；花直径3-3.5厘米；萼筒外面有疏生短柔毛；萼片披针形，长5-7毫米，内面被绒毛，比萼筒稍长；花瓣长倒卵形，长1.5-2厘米，基部有短爪，白色；雄蕊30，花丝长短不齐，约等于花瓣之半或稍长；花柱4，稀5，基部具绒毛，较雄蕊稍长。果实椭圆形或倒卵形，直径8-12毫米，红色，萼片脱落；果梗长3-5厘米。

花期5-6月，果期8-9月。

用途： 我国东北华北各地常栽培作苹果或花红等果树砧木，也可供观赏。

位置： 洪家楼校区3号教学楼（A2）门前花园有栽培。

识花攻略：本种枝叶形态与山荆子很相似，但本种叶边锯齿较为细钝，叶柄、花梗和萼筒外面具短柔毛，果形稍大，呈椭圆形，可以区别。

dòu lí

豆 梨 （《中国树木分类学》）

鹿梨（《图经本草》），阳樃、赤梨（《尔雅》），糖梨、杜梨（贵州土名），梨丁子（江西土名）

蔷薇科梨属

Pyrus calleryana **Decne.**

bean pear

特征：落乔木，高5-8米。叶片宽卵形至卵形，稀长椭卵形，长4-8厘米，宽3.5-6厘米；托叶叶质，线状披针形，长4-7毫米。伞形总状花序，具花6-12朵；苞片膜质，线状披针形；花直径2-2.5厘米；萼筒无毛；萼片披针形，先端渐尖，全缘；花瓣卵形，长约13毫米，宽约10毫米，基部具短爪，白色；雄蕊20，稍短于花瓣；花柱2，稀3。梨果球形，直径约1厘米，黑褐色，有斑点，萼片脱落，2（3）室，有细长果梗。

花期4月，果期8-9月。

用途：花洁白密集，非常美丽，常作园林观赏树种；果可食；木材致密，可作器具；通常用作沙梨砧木。

位置：中心校区学人大厦（A48）门前广场西北角有一株大树，每年4月初，花开满树，非常壮观。

　　识花攻略：豆梨和杜梨的花和果实极为相似，但是叶差别较大，容易分辨。豆梨的叶片宽卵形至卵形，边缘有钝锯齿，两面无毛；杜梨的叶片菱状卵形，边缘有粗锐锯齿，幼叶上下两面均密被灰白色茸毛。通俗地说，就是豆梨的嫩叶稍宽大，绿绿的，亮亮的；而杜梨的嫩叶看上去小小的，绿中带白，毛绒绒的。

微雨送轻寒，梨花舞阶前。
花放香如瀑，花飞泪阑干。
云暗春雪白，雨润秋子甜。
素笺不忍书，随波寄侬边。
（张淑萍 《二〇一七年四月记雨中豆梨花飞》）

　　无论学子还是旅人，很多人都曾在这株豆梨树下驻足。也许你曾沐浴她的清凉绿荫或者仰望她的青涩果实，希望有一天你也能遇到她人间四月最美的样子，感受她的春风浩荡和温婉壮美。

dù lí

杜梨 （《中国树木分类学》）

棠梨（《植物名实图考》），土梨（河南土名），海棠梨、野梨子
（江西土名），灰梨（山西土名）

蔷薇科梨属

***Pyrus betulifolia* Bunge**

birchleaf pear

特征： 落叶乔木，高达10米，枝常具刺。叶片菱状卵形至长圆卵形，
长4-8厘米，宽2.5-3.5厘米，边缘有粗锐锯齿，幼叶上下两面均密被
灰白色绒毛。伞形总状花序，有花10-15朵，总花梗和花梗均被灰白
色绒毛；花直径1.5-2厘米；萼筒外密被灰白色绒毛；萼片三角卵形，
内外两面均密被茸毛，花瓣宽卵形，长5-8毫米，宽3-4毫米，先端圆
钝，基部具有短爪。白色，雄蕊20，花药紫色，长约花瓣之半；花柱
2-3，基部微具毛。果实近球形，直径5-10毫米，2-3室，褐色，有淡
色斑点，萼片脱落，基部具带绒毛果梗。

花期4月，果期8-9月。

用途： 本种抗干旱，耐寒凉，常作各种栽培梨的砧木，结果期早，寿
命很长，亦作为庭院树观赏。木材致密，可作各种器物。树皮含鞣
质，可提制栲胶并入药。

位置： 中心校区南门（C1）内东侧花园（D16）靠路边有一株引种的
大树。

bái   lí

白 梨 （《中国树木分类学》）

白挂梨、罐梨（河北土名）

蔷薇科梨属

***Pyrus bretschneideri* Rehder**

white pear

特征： 落叶乔木，高达 5-8 米，树冠开展。叶片卵形或椭圆卵形，长 5-11 厘米，宽 3.5-6 厘米，边缘有尖锐锯齿，齿尖有刺芒，微向内合拢，两面均有绒毛，不久脱落。伞形总状花序，有花 7-10 朵，直径 4-7 厘米；苞片膜质，线形；花直径 2-3.5 厘米；萼片三角形，内面密被褐色绒毛；花瓣卵形，长 1.2-1.4 厘米，宽 1-1.2 厘米，先端常呈啮齿状，基部具有短爪；雄蕊 20，长约等于花瓣之半；花柱 5 或 4，与雄蕊近等长。果实卵形或近球形，长 2.5-3 厘米，直径 2-2.5 厘米，先端萼片脱落，基部具肥厚果梗，黄色，有细密斑点，4-5 室；种子倒卵形，微扁，长 6-7 毫米，褐色。

花期 4 月，果期 8-9 月。

用途： 本种在我国北部习见栽培，用作果树和庭园树，果实品质很好。河北的鸭梨、蜜梨、雪花梨、象牙梨和秋白梨等，山东的在梨、窝梨、鹅梨、坠子梨和长把梨等，山西的黄梨、油梨、夏梨和红梨等均属于本种的重要栽培品种。

位置： 中心校区文史楼（A8）北侧花园和洪家楼校区 6 号教学楼（A15）门前各有一株。

　　"梨花如静女，肃然见风度。"梨花的气质是素是静，虽然一树繁花盛放着丰盈，观之赏之，依然让人心里安静清正，这就是那味风度肃然吧。"素质不宜添彩色，定知造物非悭"，原来这素白梨花并非仅是一场艰苦的清修，而是造化钟神秀的美丽天成。

（纪红）

qiū　zǐ　lí

秋子梨 （《中国树木分类学》）

花盖梨、山梨（东北土名），青梨（《植物学大辞典》），野梨（《河北习见树木图说》），沙果梨、酸梨（河北土名）

蔷薇科梨属

***Pyrus ussuriensis* Maxim.**

ussuri pear

特征： 落叶乔木，高可达15米，树冠宽广。叶片卵形至宽卵形，长5-10厘米，宽4-6厘米，边缘具有带刺芒状尖锐锯齿。花序密集，有花5-7朵，花梗长2-5厘米；苞片膜质，线状披针形；花直径3-3.5厘米；萼片三角披针形，先端渐尖，边缘有腺齿，长5-8毫米；花瓣倒卵形或广卵形，先端圆钝，基部具短爪，长约18毫米，宽约12毫米，白色；雄蕊20，短于花瓣，花药紫色；花柱5，离生，近基部有稀疏柔毛。果实近球形，黄色，直径2-6厘米，萼片宿存，基部微下陷，具短果梗，长1-2厘米。

花期5月，果期8-10月。

用途： 我国东北、华北和西北各地均有栽培，作果树和庭院观赏树种，品种很多，市场上常见的香水梨、安梨、酸梨、沙果梨、京白梨、鸭广梨等均属于本种。果与冰糖煎膏有清肺止咳之效。

位置： 中心校区春风园（D8）西南角路边有一株，与学人大厦（A48）前的豆梨相对。

shān zhā

山楂 （《中国树木分类学》）

山里红（《东北植物检索表》）

蔷薇科山楂属

***Crataegus pinnatifida* Bunge**

China hawthorn

特征：落叶乔木，高可达6米，树皮粗糙，暗灰色或灰褐色；刺长1-2厘米，有时无刺。叶片宽卵形或三角状卵形，稀菱状卵形，长5-10厘米，宽4-7.5厘米，通常两侧各有3-5羽状深裂片，裂片卵状披针形或带形，先端短渐尖，边缘有尖锐稀疏不规则重锯齿；托叶草质，镰形，边缘有锯齿。伞房花序具多花，直径4-6厘米，总花梗和花梗均被柔毛，花后脱落，花梗长4-7毫米；苞片膜质，线状披针形；花直径约1.5厘米；萼筒钟状，长4-5毫米，外面密被灰白色柔毛；萼片三角卵形至披针形，约与萼筒等长；花瓣倒卵形或近圆形，长7-8毫米，宽5-6毫米，白色；雄蕊20，短于花瓣，花药粉红色；花柱3-5，基部被柔毛，柱头头状。果实近球形或梨形，直径1-1.5厘米，深红色，有浅色斑点；小核3-5，外面稍具棱；萼片脱落很迟，先端留一圆形深洼。

花期5-6月，果期9-10月。

用途：山楂可栽培作绿篱和观赏树，秋季果实累累，经久不凋，颇为美观。果可生吃或制果酱、果丹皮等；干制后入药，有健胃、消积化滞、舒气散瘀之效。

位置：中心校区稷下广场（D6）西南角有栽培。

樱下广场的山楂未经嫁接，结出的
果子小而涩。开出的花尚有可观之处，
不过花的气味儿不好闻，可远观而不可
亵玩焉。

（图 纪红／文 隗茂杰）

^{zǐ} ^{jīng}
紫 荆 （《开宝本草》）

裸枝树（《中国主要植物图说·豆科》），紫珠（《本草拾遗》）
豆科紫荆属

***Cercis chinensis* Bunge**

China redbud

特征： 丛生或单生落叶灌木或小乔木，高2-5米；树皮和小枝灰白色。叶纸质，近圆形或三角状圆形，长5-10厘米，宽与长相近或略短于长，基部浅至深心形。花紫红色或粉红色，2-10余朵成束，簇生于老枝和主干上，尤以主干上花束较多，越到上部幼嫩枝条则花越少，通常先于叶开放，但嫩枝或幼株上的花则与叶同时开放。花长1-1.3厘米；花梗长3-9毫米；龙骨瓣基部具深紫色斑纹；子房嫩绿色，花蕾时光亮无毛，后期则密被短柔毛，有胚珠6-7颗。荚果扁狭长形，绿色，长4-8厘米，宽1-1.2厘米，喙细而弯曲；种子2-6颗，阔长圆形，长5-6毫米，宽约4毫米，黑褐色，光亮。

花期3-4月；果期8-10月。

用途： 本种是木本花卉植物。树皮可入药，有清热解毒，活血行气，消肿止痛之功效，可治产后血气痛、疔疮肿毒、喉痹；花可治风湿筋骨痛。

位置： 中心校区3号学生宿舍（A13）前花园和洪家楼校区图书馆（A16）东北角等多处有栽培。

常有人将本种误以为是香港的市花"紫荆花"，其实二者同科不同属，后者是羊蹄甲属的红花羊蹄甲（*Bauhinia blakeana* Dunn），别名红花紫荆、洋紫荆。

huáng shān zǐ jīng

黄 山 紫 荆 （《中国树木分类学》）

秦氏紫荆（《中国植物图谱》）

豆科紫荆属

Cercis chingii Chun

ching redbud

特征： 丛生落叶灌木，高2-4米；主干和分枝常呈披散状；小枝初时灰白色，干后呈黑褐色，有多而密的小皮孔。叶近革质，卵圆形或肾形，长5-11厘米，宽5-12厘米；叶柄长1.5-3厘米，两端微膨大。花常先叶开放，数朵簇生于老枝上，淡紫红色，后渐变白色；花萼长约6毫米；花瓣长约1厘米。荚果厚革质，长7-8.5厘米，宽约1.3厘米，无翅和果颈，喙粗大，坚硬，二瓣裂，果瓣常扭曲；种子3-6颗。

花期2-3月；果期9-10月。

用途： 产安徽、浙江和广东北部。常栽培于庭园中作观赏植物。

位置： 洪家楼校区1号楼（A3，原政管楼）东北角花园有栽培。

　　识花攻略：黄山紫荆与紫荆很相似，但黄山紫荆茎干上有多而密的皮孔，叶革质，花梗稍长，花冠开放后逐渐变浅粉甚至白色，荚果无翅，喙粗大，而紫荆的茎干上皮孔较稀疏，叶纸质，花色较深，荚果有翅，喙细，可以区分。目前，黄山紫荆栽培尚不广泛，且多嫁接在紫荆上，嫁接处二者的树皮界限十分清楚。

wén guān guǒ

文冠果 （《救荒本草》）

无患子科文冠果属

***Xanthoceras sorbifolium* Bunge**
shinyleaf yellowhorn

特征：落叶灌木或小乔木，高2-5米。小枝粗壮，褐红色。叶连柄长15-30厘米；小叶4-8对，膜质或纸质，披针形或近卵形，两侧稍不对称，长2.5-6厘米，宽1.2-2厘米。花序先叶抽出或与叶同时抽出，两性花的花序顶生，雄花序腋生，长12-20厘米，直立；花梗长1.2-2厘米；苞片长0.5-1厘米；萼片长6-7毫米，两面被灰色绒毛；花瓣白色，基部紫红色或黄色，有清晰的脉纹，长约2厘米，宽7-10毫米，爪之两侧有须毛；花盘的角状附属体橙黄色，长4-5毫米；雄蕊长约1.5厘米，花丝无毛；子房被灰色绒毛。蒴果长达6厘米；种子长达1.8厘米，黑色而有光泽。

　　花期春季，果期秋初。

用途：种子可食，风味似板栗，营养价值很高，是我国北方很有发展前途的木本油料植物，近年来已大量栽培。

位置：中心校区董明珠楼（A37）北世纪林有种植。2019年夏被刨除，甚为可惜。

　　文冠果是我国特有的木本油料植物。明代《学圃杂疏》记曰："山东有文官果，花亦可观。"我想说：山大有文冠果，花亦可观。此树种在大学校园，最是风华正茂的起意，更与才华横溢、文运亨通的期许清健契合，美好应景。

（纪红）

zǐ dīng xiāng

紫丁香 （《花史左编》）

华北紫丁香（《中国树木分类学》），紫丁白（河南）

木樨科丁香属

Syringa oblata Lindl.

early lilac

特征： 落叶灌木或小乔木，高可达5米；树皮灰褐色或灰色。小枝较粗，疏生皮孔，假二叉分枝。叶片革质或厚纸质，卵圆形至肾形，宽常大于长，长2-14厘米，宽2-15厘米。圆锥花序直立，由侧芽抽生，近球形或长圆形，长4-16（20）厘米，宽3-7（10）厘米；花萼长约3毫米，萼齿渐尖、锐尖或钝；花冠紫色，长1.1-2厘米，花冠管圆柱形，长0.8-1.7厘米，裂片4枚，呈直角开展，卵圆形、椭圆形至倒卵圆形，长3-6毫米，宽3-5毫米；花药黄色，位于距花冠管喉部0-4毫米处。蒴果倒卵状椭圆形、卵形至长椭圆形，长1-1.5（2）厘米，宽4-8毫米，先端长渐尖，成熟后开裂。

花期4-5月，果期6-10月。

用途： 其吸收二氧化硫的能力较强，对氧化硫污染具有一定净化作用；花可提制芳香油；嫩叶可代茶。

位置： 作为林下小乔木或灌木，中心校区和洪家楼校区多处有栽培，尤以洪家楼校区图书馆（A16）西侧花园和公教楼（A14）前花园栽培较多。

　　正值花开好时节，那紫的白的花儿，竞相绽放，花团锦簇，素雅纷然，亦幽柔亦清朗，随风自由散发着自然芳馨，于是恍然：原来是丁香之香气袭人呐。又看那简约而繁荣的十字小花群里点缀着一些疙瘩蕾，是未开的丁香花，又名丁香结。"殷勤解却丁香结，纵放枝头散诞春。"殷勤打开这心结的，当是温和而浩荡的春风吧。

（纪红）

bái dīng xiāng

白丁香 （《河北习见树木图说》）

白花丁香（《东北木本植物图志》）

木樨科丁香属

***Syringa oblata* var. *alba* Hort. ex Rehder**

white broadleaf lilac

特征：为紫丁香的变种。花白色；叶片较小，基部通常为截形、圆楔形至近圆形，或近心形。

花期4-5月。

用途：我国长江流域以北普遍栽培作观赏灌木。

位置：中心校区和洪家楼校区多处有栽培，洪家楼校区图书馆（A16）西侧花园和栽培较多。

洪家楼校区图书馆西侧花园的白丁香

bào mǎ dīng xiāng

暴马丁香 （《东北木本植物图志》）

暴马子（东北），荷花丁香（河南）

木樨科丁香属

Syringa reticulata subsp. *amurensis* (Rupr.) P. S. Green et M. C. Chang

Manchurian lilac

特征： 落叶小乔木或大乔木，高可达15米。树皮紫灰褐色，具细裂纹和多数横生皮孔。叶片厚纸质，宽卵形、卵形至椭圆状卵形，或为长圆状披针形，长2.5-13厘米，宽1-6（8）厘米。圆锥花序由1到多对着生于同一枝条上的侧芽抽生，长10-20（27）厘米，宽8-20厘米；花序轴具皮孔；花萼长1.5-2毫米，萼齿钝、凸尖或截平；花冠乳白色，呈辐状，长4-5毫米，裂片卵形，长2-3毫米；花丝与花冠裂片近等长或长于裂片，花药黄色。果长椭圆形，长1.5-2（2.5）厘米，先端常钝，或为锐尖、凸尖。

花期6-7月，果期8-10月。

用途： 树皮、树干及茎枝可入药，花的浸膏质地优良，可广泛调制各种香精，是一种使用价值较高的天然香料。

位置： 中心校区公教楼（A38）北门和洪家楼校区图书馆（A16）西侧花园有种植。

识花攻略：与丁香相比，暴马丁香植株高大，花序大，叶片较狭长，雄蕊伸出花冠之外。暴马丁香树皮上的横生皮孔也很独特，可帮助识别。

xuě liǔ
雪 柳 （《植物名实图考》）

五谷树（安徽），挂梁青（浙江）

木樨科雪柳属

***Fontanesia fortunei* Carrière**

snowwillow

特征： 落叶灌木或小乔木，高可达8米；树皮灰褐色。小枝淡黄色或淡绿色，四棱形或具棱角，无毛。叶片纸质，披针形、卵状披针形或狭卵形，长3-12厘米，宽0.8-2.6厘米。圆锥花序顶生或腋生，顶生花序长2-6厘米，腋生花序较短，长1.5-4厘米；花两性或杂性同株；苞片锥形或披针形，长0.5-2.5毫米；花梗长1-2毫米，无毛；花萼微小，杯状，深裂，裂片卵形，膜质；花冠深裂至近基部，裂片卵状披针形，基部合生；雄蕊花丝长1.5-6毫米，伸出或不伸出花冠外，花药长圆形；花柱长1-2毫米，柱头2叉。果黄棕色，倒卵形至倒卵状椭圆形，扁平，长7-9毫米，花柱宿存，边缘具窄翅。

花期4-6月，果期6-10月。

用途： 我国华北地区乡土树种，喜生溪边；嫩叶可代茶；枝条可编筐；茎皮可制人造棉；亦栽培作绿篱或庭园树。

位置： 洪家楼校区1号楼（A3，原政管楼）西南角花园有两株大树。

不知宋代稼轩词中的
"蛾儿雪柳黄金缕"和易安
词中的"铺翠冠儿，捻金雪
柳"所说的雪柳头饰是否受
到雪柳花的启发，但雪柳淡
黄绿色的花序婆娑婀娜，如
珠翠斜插，着实令人惊艳。
暮春时节，若得一支插向发
髻，更胜却捻金无数。

（张淑萍）

liú sū shù
流 苏 树 （《河北习见树木图说》）

炭栗树（《植物名实图考》），晚皮树（福建），铁黄荆（安徽），牛金茨果树（云南），糯米花（安徽），如密花、四月雪、油公子（江苏），白花菜（陕西）

木樨科流苏树属

Chionanthus retusus Lindl. et Paxton

fringe tree

特征： 落叶灌木或乔木，高可达 20 米。叶片革质或薄革质，长圆形、椭圆形或圆形，有时卵形或倒卵形至倒卵状披针形，长 3-12 厘米，宽 2-6.5 厘米。聚伞状圆锥花序，长 3-12 厘米，顶生于枝端；苞片线形，疏被或密被柔毛，花长 1.2-2.5 厘米，单性而雌雄异株或为两性花；花梗纤细，无毛；花萼长 1-3 毫米，4 深裂，裂片尖三角形或披针形；花冠白色，4 深裂，裂片线状倒披针形，长（1）1.5-2.5 厘米，宽 0.5-3.5 毫米，花冠管短，长 1.5-4 毫米；雄蕊藏于管内或稍伸出，花药长卵形；子房卵形，柱头球形，稍 2 裂。核果椭圆形，被白粉，长 1-1.5 厘米，径 6-10 毫米，呈蓝黑色或黑色。

花期 3-6 月，果期 6-11 月。

用途： 花、嫩叶晒干可代茶，味香；果可榨芳香油；木材可制器具。

位置： 中心校区公教楼（A38）南北两侧、18 号学生宿舍（A21）门前路边和洪家楼校区艺术楼（A12）南侧花园有栽培。

xī yáng jiē gǔ mù

西洋接骨木 （《中国树木分类学》）

忍冬科接骨木属

Sambucus nigra L.

black elder

特征： 落叶乔木或大灌木，高4-10米；幼枝具纵条纹，二年生枝黄褐色，具明显凸起的圆形皮孔；髓部发达，白色。羽状复叶有小叶片1-3对，通常2对，具短柄，椭圆形或椭圆状卵形，长4-10厘米，宽2-3.5厘米，揉碎后有恶臭；托叶叶状或退化成腺形。圆锥形聚伞花序分枝5出，平散，直径达12厘米；花小而多；萼筒长于萼齿；花冠黄白色，裂片长矩圆形；雄蕊花丝丝状，花药黄色；子房3室，花柱短，柱头3裂。浆果状核果亮黑色。

花期4-5月，果熟期7-8月。

位置： 洪家楼校区2号楼（A4，公安处）南侧花园有几株大树。

　　识花攻略：西洋接骨木的花香富于变化，初开时为淡淡的甜香，清新怡人，开放过程中逐渐变化，至盛开之后即露出腐败的气味，便不可闻了，这主要是花香成分发生变化的缘故。还记得第一次吃到接骨木花香味的冰淇淋，感受还是很美妙的。

hé huā yù lán

荷花玉兰 （《广州植物志》）

洋玉兰（《中国树木分类学》），广玉兰（上海）

木兰科北美木兰属

Magnolia grandiflora L.

lotus magnolia

特征： 常绿乔木，在原产地高达30米。叶厚革质，椭圆形、长圆状椭圆形或倒卵状椭圆形，长10-20厘米，宽4-7厘米，叶面深绿色，有光泽。花白色，有芳香，直径15-20厘米；花被片9-12，厚肉质，倒卵形，长6-10厘米，宽5-7厘米；雄蕊长约2厘米，花丝扁平，紫色，花药内向；雌蕊群椭圆体形，密被长绒毛；心皮卵形，长1-1.5厘米，花柱呈卷曲状。聚合果圆柱状长圆形或卵圆形，长7-10厘米，直径4-5厘米，密被褐色或淡灰黄色绒毛；蓇葖背裂，背面圆，顶端外侧具长喙；种子近卵圆形或卵形，长约14毫米，径约6毫米，外种皮红色。

花期5-6月，果期9-10月。

用途： 原产北美洲东南部，我国长江流域以南各省区有栽培。花大，白色，状如荷花，芳香，为美丽的庭园绿化树种，对二氧化硫、氯气、氟化氢等有毒气体抗性较强；也耐烟尘。材质坚重，可供装饰材用。叶、幼枝和花可提取芳香油；花制浸膏用。叶入药治高血压。种子榨油，含油率42.5%。

位置： 中心校区音乐厅（A34）门前、图书馆（A31）前、邵逸夫科学馆（A39）前均有栽培。

识花攻略：荷花玉兰与玉兰、二乔玉兰等区别明显：常绿，叶革质，花大如碗、美如玉，花被肉质，5 月始花。

shí liú
石榴 （《中国树木分类学》）

安石榴（《名医别录》），山力叶（东北各地），丹若，若榴木
石榴科石榴属

***Punica granatum* L.**
pomegranate

特征： 落叶灌木或乔木，高通常3-5米，稀达10米，枝顶常成尖锐长刺，幼枝具棱角。叶通常对生，纸质，矩圆状披针形，长2-9厘米。花大，1-5朵生枝顶；萼筒长2-3厘米，通常红色或淡黄色，裂片略外展，卵状三角形，外面近顶端有1黄绿色腺体；花瓣通常大，红色、黄色或白色，长1.5-3厘米，宽1-2厘米，顶端圆形；花丝无毛，长达13毫米；花柱长超过雄蕊。浆果近球形，直径5-12厘米，通常为淡黄褐色或淡黄绿色，有时白色，稀暗紫色。种子多数，钝角形，红色至乳白色，肉质的外种皮供食用。

用途： 为常见果树，果皮可入药，性温，功能涩肠止血，根皮可驱绦虫和蛔虫。树皮、根皮和果皮均含多量鞣质，可提制栲胶。

位置： 中心校区3号楼（A13）前花园和洪家楼校区新法律楼（A17）东侧河边小桥东南角、公教楼（A14）西侧花园等多处有栽培。

　　五月榴花红似火，农历五月故称"榴月"，此时
石榴花开得最繁荣最红火。李时珍曰："榴五月开花，
有红、黄、白三色。"以红为名，我当然是特喜欢红
石榴花的那种"真色""正色"以及那样的极品红丝
绸般的质感与美感。

（纪红）

dēng tái shù

灯台树（《中国树木分类学》）

六角树（四川），瑞木（《经济植物手册》）

山茱萸科灯台树属

Bothrocaryum controversum (Hemsl.) Pojark.

lampstand tree

特征：落叶乔木，高6-15米。叶互生，纸质，阔卵形、阔椭圆状卵形或披针状椭圆形，长6-13厘米，宽3.5-9厘米，中脉在上面微凹陷，下面凸出，侧脉6-7对，弓形内弯，在上面明显，下面凸出。伞房状聚伞花序，顶生，宽7-13厘米；总花梗淡黄绿色，长1.5-3厘米；花小，白色，直径8毫米，花萼裂片4，三角形，长于花盘，外侧被短柔毛；花瓣4，长圆披针形，长4-4.5毫米，宽1-1.6毫米；雄蕊4，着生于花盘外侧，与花瓣互生，稍伸出花外，花丝线形，白色，花药椭圆形，淡黄色，2室，丁字形着生；花盘垫状，无毛；花柱圆柱形，长2-3毫米，无毛，柱头小，头状，淡黄绿色；子房下位，花托椭圆形，淡绿色，密被灰白色贴生短柔毛；核果球形，直径6-7毫米，成熟时紫红色至蓝黑色；核骨质，球形，略有8条肋纹。

花期5-6月；果期7-8月。

用途：果实可以榨油，为木本油料植物；树冠形状美观，夏季花序明显，可以作为行道树种。

位置：中心校区南门（C1）内东侧花园（D16）东北角、稷下广场（D6）有栽培。

中心校区南门内东侧花园（明德楼南侧）东北角的灯台树

nǚ zhēn
女 贞 （《神农本草经》）

青蜡树（江苏）, 大叶蜡树（江西）, 白蜡树（广西）, 蜡树（湖南）
木樨科女贞属

***Ligustrum lucidum* W. T. Aiton**
glossy privet

特征： 常绿灌木或乔木，高可达25米；树皮灰褐色。叶片革质，卵形、长卵形或椭圆形至宽椭圆形，长6-17厘米，宽3-8厘米。圆锥花序顶生，长8-20厘米，宽8-25厘米；花序基部苞片常与叶同型，小苞片披针形或线形，凋落；花无梗或近无梗；花萼无毛，长1.5-2毫米，齿不明显或近截形；花冠长4-5毫米，花冠管长1.5-3毫米，裂片长2-2.5毫米，反折：花丝长1.5-3毫米，花药长圆形；花柱长1.5-2毫米，柱头棒状。果实肾形或近肾形，长7-10毫米，径4-6毫米，深蓝黑色，成熟时呈红黑色，被白粉。

花期5-7月，果期7月至翌年5月。

用途： 种子油可制肥皂；花可提取芳香油；果含淀粉，可供酿酒或制酱油；果入药，称女贞子，为强壮剂；叶药用，具有解热镇痛的功效。

位置： 中心校区稷下广场（D6）、老化学楼（A30）东北角等处有栽培。

xiāo là

小 蜡 （《植物名实图考》）

黄心柳（云南），水黄杨（湖北），千张树（四川）

木樨科女贞属

***Ligustrum sinense* Lour.**

small privet

特征：落叶灌木或小乔木，高2-4(7)米。叶片纸质或薄革质，卵形、椭圆状卵形、长圆形、长圆状椭圆形至披针形，或近圆形，长2-7(9)厘米，宽1-3(3.5)厘米。圆锥花序顶生或腋生，塔形，长4-11厘米，宽3-8厘米；花梗长1-3毫米，被短柔毛或无毛；花萼无毛，长1-1.5毫米，先端呈截形或呈浅波状齿；花冠长3.5-5.5毫米，花冠管长1.5-2.5毫米，裂片长圆状椭圆形或卵状椭圆形，长2-4毫米；花丝与裂片近等长或长于裂片，花药长圆形。果近球形，径5-8毫米。

花期3-6月，果期9-12月。

用途：果实可酿酒；种子榨油供制肥皂；树皮和叶入药，具清热降火等功效，治吐血、牙痛、口疮、咽喉痛等；各地普遍栽培作园林观赏树或修剪为绿篱。

位置：中心校区原生命科学学院南楼（A53）、北楼（A51）附近和洪家楼校区外语楼（A13）北侧有栽培。

当小蜡的花儿盛放，就意味着浩荡的春天缓缓谢幕，盛夏的浓阴逐渐隐蔽过来，季节的交替正悄悄发生。小蜡花儿的香味浓郁到不可言说，弥漫在空气里，如初夏遇见热烈的阳光，让人喜爱又畏惧。

（张淑萍）

jīn yín rěn dōng

金银忍冬 （《中国高等植物图鉴》）

王八骨头（吉林），金银木（山东）

忍冬科忍冬属

Lonicera maackii (Rupr.) Maxim.

amur honeysuckle

特征： 落叶灌木，高可达6米。叶纸质，形状变化较大，通常卵状椭圆形至卵状披针形，稀矩圆状披针形或倒卵状矩圆形，更少菱状矩圆形或圆卵形，长5-8厘米。花芳香，生于幼枝叶腋；苞片条形，有时条状倒披针形而呈叶状；小苞片多少连合成对，长为萼筒的1/2至几相等；相邻两萼筒分离，无毛或疏生微腺毛，萼檐钟状，为萼筒长的2/3至相等，干膜质，萼齿宽三角形或披针形，不相等，裂隙约达萼檐之半；花冠先白色后变黄色，长（1-）2厘米，外被短伏毛或无毛，唇形，筒长约为唇瓣的1/2，内被柔毛；雄蕊与花柱长约达花冠的2/3。浆果暗红色，圆形，直径5-6毫米。

花期5-6月，果熟期8-10月。

用途： 观花灌木，茎皮可制人造棉。花可提取芳香油。种子油可制肥皂。

位置： 中心校区3号学生宿舍（A13）前花园和洪家楼校区外语楼（A13）东头等多处有栽培。

　　金银忍冬的花初开为纯白色，一般传粉后变为金黄色。金银忍冬的果实成熟后经久不落，如红宝石般缀满枝头，若是再来点小雪映衬，就愈发精神了。

（张淑萍）

zǐ wēi
紫 薇 （《中国树木分类学》）

痒痒花（山东），痒痒树（河南、陕西），百日红（《海南圃史》），无皮树（《灌圃草木识》）

千屈菜科紫薇属

Lagerstroemia indica L.

common crapemyrtle

特征： 落叶灌木或小乔木，树皮平滑。叶互生或有时对生，纸质，椭圆形、阔矩圆形或倒卵形，长2.5-7厘米，宽1.5-4厘米。花淡红色或紫色、白色，直径3-4厘米，常组成7-20厘米的顶生圆锥花序；花萼长7-10毫米，裂片6，三角形，直立；花瓣6，皱缩，长12-20毫米，具长爪；雄蕊36-42，外面6枚着生于花萼上，比其余的长得多；子房3-6室。蒴果椭圆状球形或阔椭圆形，长1-1.3厘米，成熟时或干燥时呈紫黑色，室背开裂。

花期6-9月，果期9-12月。

用途： 花色鲜艳美丽，花期长，寿命长，广泛栽培为庭园观赏树。木材可作家具、建筑等用；树皮、叶及花为强泻剂；根和树皮煎剂可治咯血、吐血、便血。

位置： 中心校区稷下广场（D6）、董明珠楼（A37）南、明德楼（A32）南有种植。

紫薇最好看的时候是在夏季，碧绿的叶子衬着风姿绰约的花枝，婆娑着掩映着，与阳光一起形成绿窗花窗的美意。那正是明代薛蕙的紫薇诗意："紫薇开最久，烂漫十旬期。夏日逾秋序，新花续故枝。"

（纪红）

nán zǐ wēi

南紫薇 （《中国树木分类学》）

马铃花（湖北），蚊仔花（广东），九芎（台湾），苞饭花（《植物名实图考》），拘那花（《桂海虞衡志》）

千屈菜科紫薇属

***Lagerstroemia subcostata* Koehne**

southern crapemyrtle

特征： 落叶乔木或灌木，高可达14米。树皮薄，灰白色或茶褐色。叶膜质，矩圆形，矩圆状披针形，稀卵形，长2-9(11)厘米，宽1-4.4(5)厘米，顶端渐尖。花小，白色或玫瑰色，直径约1厘米，组成顶生圆锥花序，长5-15厘米，具灰褐色微柔毛，花密生；花萼有棱10-12条，5裂，裂片三角形，直立；花瓣6，长2-6毫米，皱缩，有爪；雄蕊15-30，5-6枚较长，12-14条较短，着生于萼片或花瓣上，花丝细长；子房无毛，5-6室。蒴果椭圆形，长6-8毫米，3-6瓣裂；种子有翅。

花期6-8月，果期7-10月。

用途： 材质坚密，可作家具、细工及建筑用，也可作轻便铁枕木；花供药用，有去毒消瘀之效。

位置： 中心校区北门西侧18号学生宿舍（A21）门前有株大树。

212

mù jǐn
木 槿 （《月华本草》）

木棉、荆条（江苏），朝开暮落花（《本草纲目》），
喇叭花（福建）

锦葵科木槿属

Hibiscus syriacus L.
rose mallow

特征： 落叶灌木或小乔木，高3-4米，小枝密被黄色星状绒毛。叶菱形至三角状卵形，长3-10厘米，宽2-4厘米，具深浅不同的3裂或不裂。花单生于枝端叶腋间，被星状短绒毛；小苞片（也称副萼）6-8，线形，密被星状疏绒毛；花萼钟形，长14-20毫米，密被星状短绒毛，裂片5，三角形；花钟形，淡紫色或粉色、白色，直径5-6厘米，花瓣倒卵形，长3.5-4.5厘米，外面疏被纤毛和星状长柔毛；单体雄蕊，雄蕊柱长约3厘米。蒴果卵圆形，直径约12毫米，密被黄色星状绒毛，熟后开裂；种子肾形，背部被黄白色长柔毛。

花期7-10月。

用途： 主供园林观赏用，或作绿篱材料；茎皮富含纤维，供造纸原料；入药治疗皮肤癣疮。

位置： 中心校区3号学生宿舍（A13）前花园、原环境科学与工程学院（A52）楼南和洪家楼校区图书馆（A16）周围等多处有栽培。

识花攻略：木槿花大美丽，端庄大方，是韩国的国花。作为锦葵科的木本观赏植物，木槿花也具有副萼片、单体雄蕊、蒴果等特征，易于辨识。仔细观察，木槿的小蒴果如同微缩的棉花桃一样，昭示着它和棉花之间同科的亲缘关系。

mù xī
木樨 （《中国树木分类学》）

桂花（通称）
木樨科木樨属

***Osmanthus fragrans* (Thunb.) Lour.**
sweet osmanthus

特征： 常绿乔木或灌木，高3-5米，最高可达18米。叶片革质，椭圆形、长椭圆形或椭圆状披针形，长7-14.5厘米，宽2.6-4.5厘米。聚伞花序簇生于叶腋，或近于帚状，每腋内有花多朵；苞片宽卵形，质厚，具小尖头；花梗细弱，长4-10毫米；花极芳香；花萼长约1毫米，裂片稍不整齐；花冠黄白色、淡黄色、黄色或橘红色，长3-4毫米，花冠管仅长0.5-1毫米；雄蕊着生于花冠管中部，花丝极短，花药长约1毫米；雌蕊长约1.5毫米，花柱长约0.5毫米。果歪斜，椭圆形，长1-1.5厘米，呈紫黑色。

花期9-10月上旬，果期翌年3月。

用途： 花为名贵香料，并作食品香料；在园林建设中有着广泛的运用。

位置： 中心校区小树林（D3）北侧有桂花园，有桂花多株，花冠有黄色和橘红色者。

　　沈复 《浮生六记》中有记："庭中木犀一株，
清香撩人。"桂花的香，带点儿怡人的暖意和甜气，
香得恰恰好，当得起一个清字。这清香不滞不厉不
寒，不浓密不刚烈，却能飘出好远，若有若无的，
隐隐约约的，端的像一份撩人消息，引人循香寻花，
一探究竟。

（纪红）

pí pā
枇杷 （《中国树木分类学》）

卢橘（广东土名）

蔷薇科枇杷属

***Eriobotrya japonica* (Thunb.) Lindl.**

loquat

特征： 常绿小乔木，高可达10米。小枝粗壮，黄褐色，密生锈色或灰棕色绒毛。叶片革质，披针形、倒披针形、倒卵形或椭圆长圆形，长12-30厘米，宽3-9厘米，上面光亮，多皱，下面密生灰棕色绒毛；叶柄短或几无柄，长6-10毫米，有灰棕色绒毛；托叶钻形，有毛。圆锥花序顶生，长10-19厘米，具多花；总花梗和花梗密生锈色绒毛；花梗长2-8毫米；苞片钻形，密生锈色绒毛；花直径12-20毫米；萼筒浅杯状，长4-5毫米，萼片三角卵形，长2-3毫米，先端急尖，萼筒及萼片外面有锈色绒毛；花瓣白色，长圆形或卵形，长5-9毫米，宽4-6毫米，基部具爪，有锈色绒毛；雄蕊20，远短于花瓣，花丝基部扩展；花柱5，离生，柱头头状，子房顶端有锈色柔毛，5室，每室有2胚珠。果实球形或长圆形，直径2-5厘米，黄色或橘黄色，外有锈色柔毛，不久脱落；种子1-5，球形或扁球形，直径1-1.5厘米，褐色，种皮纸质。

花期10-12月，果期5-6月。

用途： 为美丽观赏树木和果树。果味甘酸，供生食、蜜饯和酿酒用；叶晒干去毛，可供药用，有化痰止咳和胃降气之效。可作为冬季蜜源植物，枇杷蜜有清热化痰、止咳之效。木材红棕色，可作木梳、手杖、农具柄等用。

位置： 中心校区邵逸夫科学馆（A39）门前有栽培。

"珍树寒始花，氤氲九秋丹。佳期若有待，芳
意长无绝。"特喜欢这枇杷树的四季绿意不息，更
喜欢枇杷果实挂满枝头的丰收情景，好似许多幅枇
杷国画都汇聚到一起了，而那叶绿果黄，美丽有致，
比画作更美，更是可心的佳期芳意。

（纪红）

识花攻略：枇杷的果实非常美味，花儿却有点吓人，属于辨识度极高的类型。
总之，记住一个"绣色绒毛"就好了。虽然花儿不算好看，却能分泌甜美的蜜汁，
围炉夜话之时，枇杷蜜可算是冬天最可心的一款甜品了。

（张淑萍）

là méi

蜡 梅 （《本草纲目》）

黄梅花、磬口蜡梅（《广群芳谱》），腊梅（《植物学名词审查本》），狗蝇梅（《花镜》），狗矢蜡梅（《经济植物手册》）

蜡梅科蜡梅属

***Chimonanthus praecox* (L.) Link**

wintersweet

特征： 落叶灌木，高可达4米。幼枝四方形，老枝近圆柱形。叶纸质至近革质，卵圆形、椭圆形、宽椭圆形至卵状椭圆形，长5-25厘米，宽2-8厘米。花着生于第二年生枝条叶腋内，先花后叶，芳香，直径2-4厘米；花被片圆形、长圆形、倒卵形、椭圆形或匙形，内部花被片比外部花被片短，基部有爪；雄蕊长4毫米，退化雄蕊长3毫米；心皮基部被疏硬毛，花柱长达子房3倍。果托近木质化，坛状或倒卵状椭圆形，口部收缩，并具有钻状披针形的被毛附生物。瘦果长圆形，内有种子1个。

花期11月至翌年3月，果期4-11月。

用途： 花芳香美丽，是重要园林绿化树种。根、叶、花均可入药，花可提取腊梅浸膏0.5%-0.6%。

位置： 中心校区原生命科学学院北楼（A51）门前和洪家楼校区图书馆（A16）前花园有栽培。

蜡梅

□王承略 教授

蜡梅，

开在冰天雪地里，开在百花凋零时。

有些清高，有些独立，

有些秀丽，有些卓异。

欣赏她的品格和气质，

但她的孤傲，又让人敬而远之，

一直不曾有寻访的意愿和勇气。

上次在南山的偶遇，已是很久以前的回忆。

如今立春之日，艳阳高照，

再不寻芳，是不是又错过了这个花期？

有缘无缘，付诸天意。

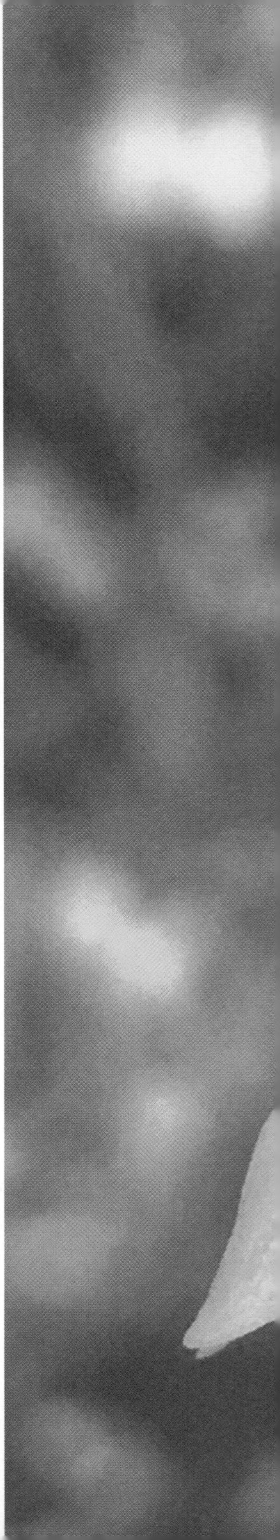

● 灌木参差 ●

nán tiān zhú

南天竹 （《通雅》）

蓝田竹（《李衍竹谱》）

小檗科南天竹属

Nandina domestica Thunb.

common nandina, heavenly bamboo

特征： 常绿小灌木。茎常丛生而少分枝，高1-3米，光滑无毛，幼枝常为红色，老后呈灰色。叶互生，集生于茎的上部，三回羽状复叶，长30-50厘米；二至三回羽片对生；小叶薄革质，椭圆形或椭圆状披针形，长2-10厘米，宽0.5-2厘米，冬季变红色。圆锥花序直立，长20-35厘米；花小，白色，具芳香，直径6-7毫米；萼片多轮，外轮萼片卵状三角形，向内各轮渐大，最内轮萼片卵状长圆形；花瓣长圆形，长约4.2毫米，宽约2.5毫米，雄蕊6，长约3.5毫米，花丝短，花药纵裂；子房1室，具1-3枚胚珠。浆果球形，直径5-8毫米，熟时鲜红色。种子扁圆形。

花期3-6月，果期5-11月。

用途： 根、叶具有强筋活络，消炎解毒之效，果为镇咳药。但过量有中毒之虞。各地庭园常有栽培，为优良观赏植物。

位置： 中心校区音乐厅（A34）门前花坛有栽培。

特别喜欢南天竹的果子，果实累累，圆润可爱，彤彤红采，耀人眼目。夏碧秋红，愈冬愈红，红过一冬，红到早春。若是遇见下雪，果红雪白两相映，美得精神十足。只是南天竹全株有毒，红果可喜，谨防误食。

（图 隗茂杰／文 纪红）

hǎi tóng

海桐 （《花镜》）

海桐花科海桐花属

***Pittosporum tobira* (Thunb.) W. T. Aiton**

tobira seatung

特征： 常绿灌木或小乔木，高可达6米。叶聚生于枝顶，二年生，革质，倒卵形或倒卵状披针形，长4-9厘米，宽1.5-4厘米，上面深绿色，发亮。伞形花序或伞房状伞形花序顶生或近顶生，密被黄褐色柔毛，花梗长1-2厘米；苞片披针形，长4-5毫米；小苞片长2-3毫米，均被褐毛。花白色，有芳香，后变黄色；萼片卵形，长3-4毫米，被柔毛；花瓣倒披针形，长1-1.2厘米，离生；雄蕊2型，退化雄蕊的花丝长2-3毫米，花药近于不育；正常雄蕊的花丝长5-6毫米，花药长圆形，长2毫米，黄色；子房长卵形，密被柔毛，侧膜胎座3个。蒴果圆球形，有棱或呈三角形，直径12毫米，3片裂开，果片木质；种子多数，长4毫米，多角形，红色，种柄长约2毫米。

用途： 观赏树种。

位置： 中心校区稷下广场（D6）有栽培。

dān bàn lǐ yè xiù xiàn jú

单瓣李叶绣线菊（《中国树木分类学》）

李叶笑靥花（《经济植物手册》），笑靥花（《花镜》）

蔷薇科绣线菊属

***Spiraea prunifolia* var. *simpliciflora* Nakai**

plumleaf spiraea

特征： 灌木，高可达3米。小枝细长，稍有棱角。叶片卵形至长圆披针形，长1.5-3厘米，宽0.7-1.4厘米，边缘有细锐单锯齿，具羽状脉。伞形花序无总梗，具花3-6朵，基部着生数枚小形叶片；花梗长6-10毫米，有短柔毛；花单瓣，直径约6毫米；萼筒钟状，内外两面均被短柔毛；萼片卵状三角形，先端急尖，外面微被短柔毛，内面毛较密；花瓣宽倒卵形，先端圆钝，长2-4毫米，宽几与长相等，白色；雄蕊20，长约花瓣的1/2或1/3；花盘圆环形，具10个明显裂片；子房具短柔毛，花柱短于雄蕊。蓇葖果开张，花柱顶生于背部，具直立萼片。

花期3-4月，果期4-7月。

用途： 各地庭园习见栽培供观赏。

位置： 洪家楼校区宪法大道（B4）东侧（图书馆西侧）花园林下有种植。

微微含翠眉，浅浅浮笑靥。款款向风雨，心事不须说。

（张淑萍）

má yè xiù xiàn jú

麻叶绣线菊 （《中国树木分类学》）

麻叶绣球（《汝南圃史》），粤绣线菊（《经济植物手册》），麻毬（《花镜》），麻叶绣球绣线菊（《东北植物检索表》），石棒子（河南土名）

蔷薇科绣线菊属

Spiraea cantoniensis **Lour.**

hempleaf spiraea

特征： 落叶灌木，高可达1.5米。小枝细瘦，圆柱形，呈拱形弯曲。叶片菱状披针形至菱状长圆形，边缘自近中部以上有缺刻状锯齿，有羽状叶脉。伞形花序具多数花朵；苞片线形；花直径5-7毫米；萼筒钟状，内面被短柔毛；萼片三角形或卵状三角形，内面微被短柔毛；花瓣近圆形或倒卵形，长与宽各2.5-4毫米，白色；雄蕊20-28，稍短于花瓣或几与花瓣等长；花盘由大小不等的近圆形裂片组成，排列成圆环形；子房近无毛，花柱短于雄蕊。蓇葖果直立开张，花柱顶生，常倾斜开展，具直立开张萼片。

花期4-5月，果期7-9月。

用途： 庭园栽培供观赏。庭园栽培供观赏。花序密集，花色洁白，早春盛开如积雪，甚美丽。枝叶治疥癣。

位置： 洪家楼校区原法学教学楼（A17）东侧河边花园有种植。

远望雪团团，近观珠玉圆。天光铺绣线，帝子落凡间。

（张淑萍）

máo yīng táo

毛樱桃 （《河北习见树木图说》）

山樱桃（《名医别录》），梅桃（《中国树木分类学》），山豆子（河北），樱桃（东北）

蔷薇科樱属

***Cerasus tomentosa* (Thunb.) Masam. et S. Suzuki**
manchu cherry, nanjing cherry

特征：落叶灌木，稀呈小乔木状，高可达2-3米。叶片卵状椭圆形或倒卵状椭圆形，长2-7厘米，宽1-3.5厘米，边有急尖或粗锐锯齿；叶柄长2-8毫米，被绒毛或脱落稀疏；托叶线形，被长柔毛。花单生或2朵簇生，花叶同开，近先叶开放或先叶开放；萼筒管状或杯状，长4-5毫米，萼片三角卵形，长2-3毫米，内外两面内被短柔毛或无毛；花瓣白色或粉红色，倒卵形，先端圆钝；雄蕊20-25枚，短于花瓣；花柱伸出与雄蕊近等长或稍长；子房全部被毛或仅顶端或基部被毛。核果近球形，熟时红色，直径0.5-1.2厘米；核表面除棱脊两侧有纵沟外，无棱纹。

花期4-5月，果期6-9月。

用途：本种果实微酸甜，可食及酿酒；种仁含油率高，可制肥皂及润滑油用；种仁可入药，有润肠利水之效。

位置：中心校区明德楼B座（A32）楼前有种植。

huáng yáng
黄 杨 （《中国树木分类学》）

黄杨科黄杨属

***Buxus sinica* (Rehder et E. H. Wilson) M. Cheng**
buxus sinica

特征： 常绿灌木或小乔木。小枝四棱形，全面被短柔毛或外方相对两侧面无毛。叶薄革质，阔椭圆形或阔卵形，长7-10毫米，宽5-7毫米，叶面无光或光亮，侧脉明显凸出。花序腋生，头状，花密集，花序轴长3-4毫米，被毛，苞片阔卵形，长2-2.5毫米；雄花：约10朵，无花梗，外萼片卵状椭圆形，内萼片近圆形，长2.5-3毫米，雄蕊连花药长4毫米，不育雌蕊有棒状柄，末端膨大；雌花：萼片长3毫米，子房较花柱稍长，花柱粗扁，柱头倒心形，下延达花柱中部。蒴果近球形，长6-7毫米，宿存花柱长2-3毫米。

花期3月，果期5-6月。

用途： 黄杨因叶片小、枝密、色泽鲜绿，耐寒，耐盐碱，抗病虫害等许多特性，多年来为华北城市绿化、绿篱设计等的主要灌木品种。

位置： 中心校区老化学楼（A30）西北角有小乔木状植株，多处做绿篱栽培。

lián qiáo

连 翘 （《中国树木分类学》）

黄花杆、黄寿丹（河南）

木樨科连翘属

Forsythia suspensa (Thunb.) Vahl

weeping forsythia

特征： 落叶灌木。枝开展或下垂，棕色、棕褐色或淡黄褐色，略呈四棱形，节间中空，节部具实心髓。叶通常为单叶，或3裂至三出复叶，叶片卵形、宽卵形或椭圆状卵形至椭圆形，长2-10厘米，宽1.5-5厘米。花通常单生或2至数朵着生于叶腋，先于叶开放；花萼绿色，裂片长圆形或长圆状椭圆形，长（5）6-7毫米，与花冠管近等长；花冠黄色，裂片倒卵状长圆形或长圆形，长1.2-2厘米，宽6-10毫米；雌雄蕊不等长，在雌蕊长5-7毫米花中，雄蕊长3-5毫米，在雄蕊长6-7毫米的花中，雌蕊长约3毫米。果卵球形、卵状椭圆形或长椭圆形，长1.2-2.5厘米，宽0.6-1.2厘米，先端喙状。

花期3-4月，果期7-9月。

用途： 本种除果实入药，具清热解毒、消结排脓之效外，药用其叶，对治疗高血压、痢疾、咽喉痛等效果较好。

位置： 中心校区图书馆（A31）后和洪家楼校区河边等多处有种植。

嫩绿的花萼，鹅黄的四瓣小花，连翘不仅是一味良药，更是春的使者。花期时紧挨的花骨朵开满枝条，成串连片。远远望去，一丛丛恰似穿戴着"蛾儿雪柳黄金缕"的节日盛装，热闹了大半个春天。

（陈钰）

yíng chūn huā

迎 春 花（《中国树木分类学》）

木樨科素馨属

***Jasminum nudiflorum* Lindl.**

winter jasmine

特征： 落叶灌木，直立或匍匐，高0.3-5米，枝条下垂。小枝四棱形，棱上多少具狭翼。叶对生，三出复叶，小枝基部常具单叶；叶轴具狭翼，叶柄长3-10毫米；小叶片卵形、长卵形或椭圆形，狭椭圆形，稀倒卵形，叶缘反卷，中脉在上面微凹入，下面凸起；顶生小叶片较大，长1-3厘米，宽0.3-1.1厘米，侧生小叶片长0.6-2.3厘米，宽0.2-11厘米；单叶为卵形或椭圆形，有时近圆形，长0.7-2.2厘米，宽0.4-1.3厘米。花单生于去年生小枝的叶腋，稀生于小枝顶端；苞片小叶状，披针形、卵形或椭圆形；花萼绿色，裂片5-6枚，窄披针形，先端锐尖；花冠黄色，径2-2.5厘米，花冠管长0.8-2厘米，基部直径1.5-2毫米，向上渐扩大，裂片5-6枚，长圆形或椭圆形，先端锐尖或圆钝。
花期6月。

位置： 中心校区稷下广场（D6）有栽培。

　　"破寒乘暖迓东皇，簇定刚条烂熳黄"，伴着阳光，迎春花那绿色的枝条上绽放出黄色的六瓣小花。它不惧早春的寒气，倾吐出嫩叶与黄花，实在惹人怜爱。凑近细闻，还带着丝丝清香，仿佛是在昭告生机昂然的春季已经到来。

（陈钰）

yù xiāng rěn dōng
郁 香 忍 冬 （《中国高等植物图鉴》）

四月红（河北内丘）
忍冬科忍冬属

***Lonicera fragrantissima* Lindl. ex Paxton**
winter honeysuckle

特征：半常绿或有时落叶灌木，高可达2米。叶厚纸质或带革质，形态变异很大，从倒卵状椭圆形、椭圆形、圆卵形、卵形至卵状矩圆形，长3-7 (8.5) 厘米。花先于叶或与叶同时开放，芳香，生于幼枝基部苞腋；苞片披针形至近条形，长为萼筒的2-4倍；相邻两萼筒约连合至中部，萼檐近截形或微5裂；花冠白色或淡红色，长1-1.5厘米，外面无毛或稀有疏糙毛，唇形，筒长4-5毫米，内面密生柔毛，基部有浅囊，上唇长7-8毫米，裂片深达中部，下唇舌状，长8-10毫米，反曲；雄蕊内藏，花丝长短不一。果实鲜红色，矩圆形，长约1厘米；种子褐色，稍扁，矩圆形。

花期2月中旬至4月，果熟期4月下旬至5月。

用途：花甚芳香，常植于路边拐角等处，作园林绿化用。

位置：中心校区图书馆（A31）东北角、董明珠楼（A37）西南角、明德楼（A32）东南角有栽培。

　　郁香忍冬真是花如其名，花儿虽然不大，却玲珑清透，香气浓郁。中心校区图书馆和斜对面董明珠楼的路口，每到春天便弥漫着它透人心脾的幽香，让人驻足流连。就是初冬的小雪缀满枝头，也别有娜娜韵致，着实可爱。

（张淑萍）

rì běn xiǎo bò
日本小檗（《中国高等植物图鉴》）

小檗科小檗属

Berberis thunbergii DC.
Japan barberry

特征： 落叶灌木。叶片倒卵形、匙形或菱状卵形。花2-5朵组成具总梗的伞形花序，或近簇生的伞形花序或无总梗而呈簇生状；小苞片卵状披针形，带红色；花黄色；外萼片卵状椭圆形，先端近钝形，带红色，内萼片阔椭圆形，先端钝圆；花瓣长圆状倒卵形，先端微凹，基部略呈爪状。浆果椭圆形，直径约4毫米，亮鲜红色，无宿存花柱。
花期4-6月，果期7-10月。

用途： 根和茎含小檗碱，可供提取黄连素的原料。民间将枝、叶煎水服，可治结膜炎；根皮可作健胃剂。茎皮去外皮后，可作黄色染料。

位置： 中心校区和洪家楼校区多处有栽培，用作绿篱。

xiāng chá biāo zǐ

香 茶 藨 子 （《经济植物手册》）

虎耳草科茶藨子属

***Ribes odoratum* H. L. Wendl.**

golden currant

特征： 落叶灌木，高1-2米。叶圆状肾形至倒卵圆形，长2-5厘米，宽几与长相似，掌状3-5深裂，裂片形状不规则。花两性，芳香；总状花序长2-5厘米，常下垂，具花5-10朵；花梗长2-5毫米；苞片卵状披针形或椭圆状披针形，两面均有短柔毛；花萼黄色，或仅萼筒黄色而微带浅绿色晕；萼筒管形，长12-15毫米，宽1.5-2.5毫米；萼片长圆形或匙形，长5-7毫米，宽2.5-4毫米；花瓣近匙形或近宽倒卵形，长2.5-3.5毫米，宽2-3毫米，先端圆钝而浅缺刻状，浅红色，无毛；雄蕊短于或与花瓣近等长，花丝长约1.5毫米，花药长圆形；子房无毛；花柱不分裂或仅柱头2裂，柱头绿色。果实球形或宽椭圆形，长8-10毫米，宽几与长相似，熟时黑色，无毛。

花期5月，果期7-8月。

用途： 花黄色，芳香，是北方寒冷地区的观赏灌木。

位置： 洪家楼校区1号楼（A3，原政管楼）东北角有一大丛。

dì táng huā
棣 棠 花 （《中国树木分类学》）

鸡蛋黄花、土黄条（陕西）

蔷薇科棣棠花属

Kerria japonica (L.) DC.

kerria

特征： 落叶灌木，高1-2米，稀达3米。小枝绿色，常拱垂，嫩枝有棱角。叶互生，三角状卵形或卵圆形，边缘有尖锐重锯齿；托叶膜质，带状披针形，早落。单花，着生在当年生侧枝顶端；花直径2.5-6厘米；萼片卵状椭圆形，顶端急尖，有小尖头，果时宿存；花瓣黄色，宽椭圆形，顶端下凹，比萼片长1-4倍。瘦果倒卵形至半球形，褐色或黑褐色，有皱褶。

花期4-6月，果期6-8月。

用途： 茎髓作为通草代用品入药，有催乳利尿之效。

位置： 中心校区董明珠楼（A37）北侧花园路边、稷下广场（D6）和洪家楼校区小河东侧花园等多处有栽培。

chóng bàn dì táng huā

重瓣棣棠花 （《中国树木分类学》）

蔷薇科棣棠花属

Kerria japonica (L.) DC. f. pleniflora (Witte) Rehd.

doubleflower kerria

特征： 为棣棠花的重瓣变型，花重瓣。

位置： 多与棣棠花栽培在一起。

shí nán
石楠 （《广群芳谱》）

凿木（《中国种子植物科属辞典》），千年红、扇骨木（南京土名），
笔树、石眼树（江苏土名），将军梨、石楠柴（浙江土名）
蔷薇科石楠属

***Photinia serrulata* Lindl.**

photinia serrulata

特征： 常绿灌木或小乔木，高 4-6 米。叶片革质，长椭圆形、长倒卵
形或倒卵状椭圆形，长 9-22 厘米，宽 3-6.5 厘米。复伞房花序顶生，
直径 10-16 厘米；总花梗和花梗无毛，花梗长 3-5 毫米；花密生，直径 6-8
毫米；萼筒杯状，长约 1 毫米；萼片阔三角形，长约 1 毫米；花瓣白色，
近圆形，内外两面皆无毛；雄蕊 20，外轮较花瓣长，内轮较花瓣短，
花药带紫色；花柱 2，有时为 3，基部合生，柱头头状，子房顶端有柔毛。
果实球形，直径 5-6 毫米，红色，后成褐紫色，有 1 粒种子；种子卵形，
棕色，平滑。

　　花期 4-5 月，果期 10 月。

用途： 本种具圆形树冠，嫩叶红色、花白色、密生，冬季果实红色，
是常见的栽培树种；叶和根供药用为强壮剂、利尿剂，有镇静解热等
作用。

位置： 中心校区大成广场（D15）、邵逸夫科学馆（A39）前有种植。

中心校区大成广场喷泉边的成排石楠灌丛，以观叶为主，不耐
严寒，冬季需要搭草棚保温越冬。

hóng huā jǐn jī er
红花锦鸡儿 （《中国主要植物图说》）

金雀儿（《北京植物志》），黄枝条（《内蒙古植物志》），乌兰一
哈日嘎纳（蒙古语）

豆科锦鸡儿属

Caragana rosea Turcz. ex Maxim.

red peashrub

特征： 落叶灌木，高 0.4-1 米。小枝细长，具条棱，托叶在长枝者成细针刺，短枝者脱落；叶柄长 5-10 毫米，脱落或宿存成针刺；叶假掌状；小叶 4，楔状倒卵形，长 1-2.5 厘米，宽 4-12 毫米，先端圆钝或微凹，具刺尖，近革质。花梗单生，长 8-18 毫米，关节在中部以上；花萼管状，长 7-9 毫米，宽约 4 毫米，常紫红色，萼齿三角形，内侧密被短柔毛；蝶形花冠，黄色，常紫红色或全部淡红色，凋时变为红色，长 20-22 毫米，旗瓣长圆状倒卵形，先端凹入，基部渐狭成宽瓣柄，翼瓣长圆状线形，瓣柄较瓣片稍短，龙骨瓣的瓣柄与瓣片近等长；子房无毛。荚果圆筒形，长 3-6 厘米，具渐尖头。

花期 4-6 月，果期 6-7 月。

位置： 洪家楼校区图书馆（A16）南头、体育馆（A22）东南角、小树林（D1）东南角和1号楼（A3，原政管楼）南侧有栽培。

shù jīn jī er
树锦鸡儿（《东北木本植物》）

蒙古锦鸡儿（《中国主要植物图说·豆科》），陶日格一哈日嘎纳（蒙古语）

豆科锦鸡儿属

Caragana arborescens **Lam.**

treelike peashrub

特征： 落叶小乔木或大灌木，高 2-6 米。羽状复叶有 4-8 对小叶；托叶针刺状，长枝者脱落，极少宿存；叶轴细瘦，长 3-7 厘米幼时被柔毛；小叶长圆状倒卵形、狭倒卵形或椭圆形，长 1-2（2.5）厘米，宽 5-10（13）毫米，先端圆钝，具刺尖，幼时被柔毛，或仅下面被柔毛。花梗 2-5 簇生，每梗 1 花，长 2-5 厘米，关节在上部；花萼钟状，长 6-8 毫米，宽 7-8 毫米，萼齿短宽；蝶形花冠黄色，长 16-20 毫米，旗瓣菱状宽卵形，具短瓣柄，翼瓣长圆形，瓣柄长为瓣片的 3/4，龙骨瓣较旗瓣稍短，瓣柄较瓣片略短。荚果圆筒形，长 3.5-6 厘米，粗 3-6.5 毫米，先端渐尖。

花期 5-6 月，果期 8-9 月。

用途： 常做庭园观赏及绿化用。种子含油率 10%-14%，可作肥皂及油漆用。

位置： 洪家楼校区 1 号楼（A3，原政管楼）东北角靠校园东墙处草地上有栽培。

wú huá guǒ
无 花 果 （《救荒本草》）

阿驵（《酉阳杂俎》，译自波斯语anjir）
桑科榕属

***Ficus carica* L.**

fig

特征： 落叶灌木。叶互生，厚纸质，广卵圆形，长宽近相等，10-20厘米，通常3-5裂，小裂片卵形，边缘具不规则钝齿，表面粗糙，背面密生细小钟乳体及灰色短柔毛，基生侧脉3-5条，侧脉5-7对；托叶卵状披针形，红色。榕果(隐头花序)单生叶腋，大而梨形。雌雄异株，雄花和瘿花同生于一榕果内壁，雄花生内壁口部，花被片4-5，雄蕊3，有时1或5，瘿花花柱侧生，短；雌花花被与雄花同，子房卵圆形，光滑，花柱侧生。榕果直径3-5厘米，顶部下陷，成熟时紫红色或黄色；瘦果透镜状。

花果期5-7月。

用途： 榕果味甜可食或作蜜饯，又可作药用，也供庭园观赏。

位置： 中心校区图书馆（A31）后东花园内有栽培。

《酉阳杂俎》里称之为阿驲，出波斯。无花果并非不开花，只是其花序藏在了肥大的花序托内而已。《救荒本草》云其枝"叶间生果，初则青小，状如李子，既熟色似紫茄色，味甜。"可见其引种已久，栽植甚广。

(隗茂杰)

mǔ dān
牡 丹 （《神农本草经》）

毛茛科芍药属

***Paeonia suffruticosa* Andr.**
subshrubby peony

特征： 落叶灌木，茎高达 2 米，分枝短而粗。叶通常为二回三出复叶，偶尔近枝顶的叶为 3 小叶；顶生小叶宽卵形，3 裂至中部，裂片不裂或 2-3 浅裂；侧生小叶狭卵形或长圆状卵形，不等 2 裂至 3 浅裂或不裂，近无柄。花单生枝顶，直径 10-17 厘米；花梗长 4-6 厘米；苞片 5，长椭圆形，大小不等；萼片 5，绿色，宽卵形，大小不等；花瓣 5，或为重瓣，玫瑰色、红紫色、粉红色至白色，通常变异很大，倒卵形，长 5-8 厘米，宽 4.2-6 厘米，顶端呈不规则的波状；雄蕊长 1-1.7 厘米，花丝紫红色、粉红色，上部白色，花药长圆形；花盘革质，杯状，紫红色，完全包住心皮，在心皮成熟时开裂；心皮 5，密生柔毛。菁葖长圆形，密生黄褐色硬毛。

花期 5 月；果期 6 月。

用途： 根皮药用，称丹皮，为镇痉药，能凉血散瘀，治中风、腹痛等症。

位置： 中心校区邵逸夫科学馆（A39）楼前有牡丹芍药园，内有各色牡丹多株。

为问深浅谁最妍？独处丛生总可怜。
一春春花花事了，岂有一朵过牡丹。

（图 徐梦成 / 文 姜玉芳）

（图 徐梦成）

特别喜欢宋代赵师侠写的月季花："开随律管度芳辰。鲜艳见天真。不比浮花浪蕊，天教月月常新。蔷薇颜色，玫瑰态度，宝相精神。休数岁时月季，仙家栏槛长春。"何样的颜色、何样的态度、何样的精神，让好花长开、大地长春，无需沉吟，天地间自有一种自新精神亘古一新。

（纪红）

蔷薇属（*Rosa*）:谁是真命玫瑰?

作为世界著名的一大类观赏植物，蔷薇属植物广布北半球的寒温带至亚热带，野生种约有200个，栽培品种更是数以万计。其中，玫瑰（*R. rugosa*）、月季花（*R. chinensis*）、野蔷薇（*R. multiflora*）三大品系在我国栽培历史悠久；而法国蔷薇（*R. gallica*）、百叶蔷薇（*R. centifolia*）和突厥蔷薇（*R. damascena*）则是欧洲的传统种类。

20世纪以来，东西方玫瑰的杂交品种越来越多，月季花、香水月季（*R. odorata*）等东方品种和法国蔷薇、百叶蔷薇等西方品种的杂交品系逐渐成为鲜切花的新宠，这些品种在英文中称为"Rose"，并被大量文学作品和商人翻译为"玫瑰"，逐渐进入国人的日常生活。

于是，很多人开始纠结，花店里的玫瑰到底是玫瑰还是月季？真正的玫瑰什么样？玫瑰、月季、蔷薇又有什么不同？

显然，花店里的玫瑰花鲜切花更接近我国的传统月季花或香水月季，用它表达爱情时称为"玫瑰"也无不可，但其与我国的传统玫瑰确实相去甚远。我国传统栽培的玫瑰以平阴重瓣红玫瑰（*R. rugosa f. plena*）最为有名，不仅美丽芳香，还用于提取玫瑰精油、纯露、做花茶、玫瑰酱、鲜花饼、玫瑰酒等，既是药食同源的花中皇后，也是我国古代表达爱情的珍品。

玫瑰和月季花都是灌木，羽状复叶，有皮刺，但是区别明显。玫瑰小叶5-9，稀11，叶脉下陷，有褶皱，皮刺小而密集；月季花小叶3-5，稀7，叶脉不下陷，无褶皱，皮刺大而稀疏。至于野蔷薇及其品种，那是一群攀缘灌木，它们或爬满一墙，或做成拱门、棚架，花开烂漫，也是美到妙不可言。

yuè jì huā

月季花

蔷薇科蔷薇属

***Rosa chinensis* Jacq.**

China rose

特征：直立落叶灌木，高1-2米。小枝粗壮，圆柱形，有短粗的钩状皮刺或无刺。羽状复叶，小叶3-5，稀7，连叶柄长5-11厘米，小叶片宽卵形至卵状长圆形，长2.5-6厘米，宽1-3厘米，边缘有锐锯齿，总叶柄较长，有散生皮刺和腺毛；托叶大部贴生于叶柄，仅顶端分离部分成耳状。花几朵集生，稀单生，直径4-5厘米；花梗长2.5-6厘米，萼片卵形，有时呈叶状，边缘常有羽状裂片，内面密被长柔毛；花瓣重瓣至半重瓣，红色、粉红色至白色，倒卵形，先端有凹缺，基部楔形；花柱离生，伸出萼筒口外，约与雄蕊等长。果卵球形或梨形，长1-2厘米，红色，萼片脱落。

花期4-9月，果期6-11月。

用途：园艺观赏，鲜切花育种。

dān bàn yuè jì huā

单瓣月季花

蔷薇科蔷薇属

Rosa chinensis Jacq. var. ***spontanea*** (Rehder et E. H. Wilson) T. T. Yu et T. C. Ku

China rose

特征： 本变种枝条圆筒状，有宽扁皮刺，小叶片3-5，花瓣红色，单瓣，萼片常全缘，稀具少数裂片。产湖北、四川、贵州。此为月季花原始种。

位置： 中校区邵逸夫科学馆（A39）西头花园有种植。

yě qiáng wēi

野蔷薇 （《群芳谱》）

墙靡（《神农木草经》），刺花（《本草纲目》），营实墙靡（《植物名实图考》），多花蔷薇（《华北习见观赏植物》），蔷薇（《江苏南部种子植物手册》）

蔷薇科蔷薇属

***Rosa multiflora* Thunb.**

Japan rose

特征： 落叶灌木，茎高达2米，分枝短而粗。叶通常为二回三出复叶，偶尔近枝顶的叶为3小叶；顶生小叶宽卵形，3裂至中部，裂片不裂或2-3浅裂；侧生小叶狭卵形或长圆状卵形，不等2裂至3浅裂或不裂，近无柄。花单生枝顶，直径10-17厘米；花梗长4-6厘米；苞片5，长椭圆形，大小不等；萼片5，绿色，宽卵形，大小不等；花瓣5，或为重瓣，玫瑰色、红紫色、粉红色至白色，通常变异很大，倒卵形，长5-8厘米，宽4.2-6厘米，顶端呈不规则的波状；雄蕊长1-1.7厘米，花丝紫红色、粉红色，上部白色，花药长圆形；花盘革质，杯状，紫红色，完全包住心皮，在心皮成熟时开裂；心皮5，密生柔毛。蓇葖长圆形，密生黄褐色硬毛。

花期5月；果期6月。

用途： 常见庭园栽培，常用作墙篱、拱门、棚架等花园造景，品种较多。根、叶、花和种子均可入药。

位置： 中心校区北门外沿体育馆（A27）墙边有栽培。

qī　zī　mèi

七姊妹 （《群芳谱》）

十姊妹《群芳谱》

蔷薇科蔷薇属

***Rosa multiflora* var. *carnea* Thory**

Qi zi mei rose

特征： 本变种为重瓣，粉红色。

用途： 栽培供观赏，可作护坡及棚架之用。

位置： 中心校区南门内东侧花园（D16）靠南墙边和学人大厦（A48）东侧院士楼、专家公寓有栽培。

méi guī
玫 瑰 （《群芳谱》）

蔷薇科蔷薇属

Rosa rugosa Thunb.

Rugosa rose, pai huai hua, Japanese rose

特征： 直立落叶灌木，高可达2米；小枝密被绒毛，有淡黄色的密集皮刺。羽状复叶，小叶5-9；小叶片椭圆形或椭圆状倒卵形，长1.5-4.5厘米，宽1-2.5厘米，边缘有尖锐锯齿，上面深绿色，叶脉下陷，常有褶皱；托叶大部贴生于叶柄。花单生于叶腋，或数朵簇生，苞片卵形，边缘有腺毛，外被绒毛；花直径4-5.5厘米；萼片卵状披针形，常有羽状裂片而扩展成叶状；花瓣倒卵形，重瓣至半重瓣，芳香，紫红色至白色；花柱离生，被毛，稍伸出萼筒口外。果扁球形，直径2-2.5厘米，砖红色，肉质，萼片宿存。

花期5-6月，果期8-9月。

用途： 原产我国北方东部沿海沙滩、日本和朝鲜，作为花卉和油用玫瑰广泛栽培。园艺品种很多，有粉花单瓣〔R. _rugosa_ Thunb. f. _rosea_ Rehder〕、白花单瓣〔f. _alba_ (Ware) Rehder〕，紫花重瓣〔f. _plena_ (Regel) Byhouwer〕、白花重瓣〔f. _albo-plena_ Rehder〕等供观赏用。鲜花可以蒸制芳香油，供食用及化妆品用，花瓣可以制饼馅、玫瑰酒、花茶，花蕾入药治肝、胃气痛、胸腹胀满和月经不调。果实含丰富的维生素C、葡萄糖、果糖、蔗糖、枸橼酸及胡萝卜素等。种子含油约14%。

位置： 中心校区原生命科学学院南楼（A53）东北角园林科门口有种植。

紫花重瓣玫瑰［*R. rugosa* Thunb. f. *plena* (Regel) Byhouwer］

　　紫花重瓣玫瑰是我国栽培油用玫瑰的传统品种，宋代诗人杨万里的《红玫瑰》。不仅以"非关月季姓名同，不与蔷薇谱牒通。接叶连枝万般绿，一花两色浅深红。"清晰界定了玫瑰与月季、蔷薇的关系，描述了玫瑰的花枝特征，而且以"风流各是胭脂格，雨露何私造化工。别有国香收不得，诗人熏入水沉中。"明确了玫瑰在当时的园艺地位和熏香功用之盛。对玫瑰而言，可谓正本清源，实至名归。

（张淑萍）

粉花单瓣玫瑰 ［*R. rugosa* f. *rosea* Rehder］

背景知识：为玫瑰的野生原种和玫瑰育种的重要种质资源，花单瓣，香气浓郁，蔷薇果多而大，抗逆性强。中心校区原生命科学学院（A53）东北角曾有引种。

白花单瓣玫瑰［*R. rugosa* Thunb. f. *alba* (Ware) Rehder］

白花重瓣玫瑰［R. rugosa Thunb. f. *albo-plena* Rehder］

　　背景知识：白花单瓣变型为粉花单瓣的突变型，在野生群体中可见，但比较稀少，济南平阴玫瑰研究所有引种。国内外花卉育种专家通过杂交育种成功获得了白花重瓣变型，洁白如雪，深受人们喜爱。

huáng lú

黄 栌 （变种）

灰毛黄栌（《植物学报》）

漆树科黄栌属

***Cotinus coggygria* var. *cinerea* Engl.**

common smoketree

特征： 落叶灌木，高3-5米。叶阔椭圆形，稀圆形，长3-8厘米，宽2.5-6厘米，先端圆形或微凹，基部圆形或阔楔形，全缘，叶背、尤其沿脉上和叶柄密被柔毛，侧脉6-11对，先端常叉开；叶柄短。圆锥花序被柔毛；花杂性，径约3毫米；花梗长7-10毫米，花萼无毛，裂片卵状三角形，长约1.2毫米，宽约0.8毫米；花瓣卵形或卵状披针形，长2-2.5毫米，宽约1毫米，无毛；雄蕊5，长约1.5毫米，花药卵形，与花丝等长，花盘5裂，紫褐色；子房近球形，径约0.5毫米，花柱3，分离，不等长，果肾形，长约4.5毫米，宽约2.5毫米。

用途： 木材黄色，古代作黄色染料。树皮和叶可提栲胶。叶含芳香油，为调香原料。嫩芽可炸食。黄栌花后久留不落的不孕花的花梗呈粉红色羽毛状，在枝头形成似云似雾的景观；叶秋季变红，美观，即北京称之"西山红叶"，也是济南红叶谷景区的主要景观树种。黄栌也是华北地区良好的造林树种。

位置： 中心校区南门（C1）内东侧花园（D16）有种植。

　　黄栌叶子并不黄，到了秋天会变红，便是人们红叶寄相思的"红"了。中心校区南门东侧草地有一株红叶树，但并没有见过它的红叶，可能是单株黄栌难成气候或市区深秋的温差不够大吧。要是秋天有一小片火红的黄栌就好了。

（隗茂杰）

dōng qīng wèi máo

冬青卫矛 （《中国高等植物图鉴》）

正木，大叶黄杨

卫矛科卫矛属

Euonymus japonicus Thunb.

Japanese spindle

特征： 常绿灌木，高可达3米；小枝四棱，具细微皱突。叶革质，有光泽，倒卵形或椭圆形，长3-5厘米，宽2-3厘米，边缘具有浅细钝齿。聚伞花序5-12花，花序梗长2-5厘米，2-3次分枝，第3次分枝常与小花梗等长或较短；小花梗长3-5毫米；花白绿色，直径5-7毫米；花瓣近卵圆形，长宽各约2毫米，雄蕊花药长圆状，内向；花丝长2-4毫米；子房每室2胚珠，着生中轴顶部。蒴果近球状，直径约8毫米，淡红色；种子每室1，顶生，椭圆状，长约6毫米，直径约4毫米，假种皮橘红色，全包种子。

花期6-7月，果熟期9-10月。

位置： 中心校区和洪家楼校区多处种植，做绿篱或林下灌木，有的小乔木状。

xiǎo yè nǚ zhēn

小叶女贞 （《中国树木分类学》）

木樨科女贞属

***Ligustrum quihoui* Carrière**

purpus privet

特征： 落叶灌木，高可达1-3米。叶片薄革质，形状和大小变异较大，披针形、长圆状椭圆形、椭圆形、倒卵状长圆形至倒披针形或倒卵形，长1-4(5.5)厘米，宽0.5-2(3)厘米。圆锥花序顶生，近圆柱形，长4-15(22)厘米，宽2-4厘米，分枝处常有1对叶状苞片；小苞片卵形，具睫毛；花萼无毛，长1.5-2毫米，萼齿宽卵形或钝三角形；花冠长4-5毫米，花冠管长2.5-3毫米，裂片卵形或椭圆形，长1.5-3毫米；雄蕊伸出裂片外，花丝与花冠裂片近等长或稍长。果倒卵形、宽椭圆形或近球形，长5-9毫米，径4-7毫米，呈紫黑色。

花期5-7月，果期8-11月。

用途： 叶入药，具清热解毒等功效，治烫伤、外伤；树皮入药治烫伤。

位置： 中心校区公教楼（A38）北门西侧花园有两丛大灌木。

jīn yè nǚ zhēn

金叶女贞（《中国树木分类学》）

木樨科女贞属

***Ligustrum × vicaryi* Rehder**

hybrida vicary privet

特征： 落叶灌木，杂交种。叶片较大叶女贞稍小，单叶对生，椭圆形或卵状椭圆形。总状花序，小花白色。核果阔椭圆形，紫黑色。金叶女贞叶色金黄，尤其在春秋两季色泽更加璀璨亮丽。

用途： 金叶女贞的叶子为绚丽的金黄色，花为银白色，因此有"金玉满堂"之意，常用于园林绿化。

位置： 洪家楼校区图书馆（A16）西侧等多处有栽培，常作绿篱。

liáo dōng shuǐ là shù
辽东水蜡树 （《东北木本植物图志》）

木樨科女贞属

***Ligustrum obtusifolium* subsp. *suave* (Kitag.) Kitag.**
border privet

特征： 落叶灌木，多分枝，高可达2-3米。叶片纸质，披针状长椭圆形、长椭圆形、长圆形或倒卵状长椭圆形，长1.5-6厘米，宽0.5-2.2厘米。圆锥花序着生于小枝顶端，长1.5-4厘米，宽1.5-2.5(-3)厘米；花序轴、花梗、花萼均被微柔毛或短柔毛；花梗长0-2毫米；花萼长1.5-2毫米，截形或萼齿呈浅三角形；花冠管长3.5-6毫米，裂片狭卵形至披针形，长2-4毫米；花药披针形，长约2.5毫米，短于花冠裂片或达裂片的1/2处；花柱长2-3毫米。果近球形或宽椭圆形，长5-8毫米，径4-6毫米。

花期5-6月，果期8-10月。

用途： 常栽培于林下，作园林观赏灌木。

位置： 洪家楼校区图书馆（A16）前花园林下有栽培。

bái táng zǐ shù

白棠子树 （《中国树木分类学》）

马鞭草科紫珠属

***Callicarpa dichotoma* (Lour.) K. Koch**

purple purplepearl

特征： 落叶小灌木，多分枝，高约1-(3)米；小枝纤细，幼嫩部分有星状毛。叶倒卵形或披针形，长2-6厘米，宽1-3厘米，边缘仅上半部具数个粗锯齿，表面稍粗糙，背面无毛，密生细小黄色腺点。聚伞花序在叶腋的上方着生，细弱，宽1-2.5厘米，2-3次分歧，花序梗长约1厘米，略有星状毛；苞片线形；花萼杯状，顶端有不明显的4齿或近截头状；花冠紫色，长1.5-2毫米；花丝长约为花冠的2倍，花药卵形，细小，药室纵裂；子房无毛，具黄色腺点。果实球形，紫色，径约2毫米。

花期5-6月，果期7-11月。

用途： 全株供药用；叶可提取芳香油。

位置： 中心校区图书馆（A31）西南角有栽培。

（图 隗茂杰）

ōu zhōu jiā mí

欧洲荚蒾 （《中国高等植物图鉴》）

五福花科荚蒾属

***Viburnum opulus* L.**

Guelder-rose, European cranberrybush

特征：落叶灌木，高达1.5-4米。叶轮廓圆卵形至广卵形或倒卵形，长6-12厘米，通常3裂，具掌状3出脉，裂片顶端渐尖，边缘具不整齐粗牙齿。复伞形式聚伞花序直径5-10厘米，大多周围有大型的不孕花，总花梗粗壮，长2-5厘米，第一级辐射枝6-8条，通常7条，花生于第二至第三级辐射枝上，花梗极短；萼筒倒圆锥形，长约1毫米，萼齿三角形；花冠白色，辐状，裂片近圆形，长约1毫米；大小稍不等，筒与裂片几等长，内被长柔毛；雄蕊长至少为花冠的1.5倍，花药黄白色；花柱不存，柱头2裂；不孕花白色，直径1.3-2.5厘米，有长梗，裂片宽倒卵形，顶圆形，不等形。果实红色，近圆形，直径8-10 (12)毫米；核扁，近圆形，直径7-9毫米，灰白色。

花期5-6月，果熟期9-10月。

用途：宜作公园灌丛、墙边及建筑物前绿化树种。种子含油率26.2%，可榨油供制肥皂或工业用。

位置：洪家楼校区1号楼（A3，原政管楼）东北角靠校园东墙下有种植。

bān yè jīn dài huā

斑叶锦带花

忍冬科锦带花属

***Weigela florida* 'Variegata'**

Weigela florida 'Variegata'

特征： 锦带花的栽培品种，最大特点是叶有白斑，花冠白色或带浅粉色。

位置： 中心校区大成广场（D15）东半部林下有栽培。

hóng wáng zǐ　jǐn dài huā

红 王 子 锦 带 花

忍冬科锦带花属

***Weigela florida* 'Red Prince'**

Weigela florida 'Red Prince'

特征： 为锦带花的园艺栽培品种。落叶灌木，高达 1-3 米；幼枝稍四方形。叶矩圆形、椭圆形至倒卵状椭圆形，长 5-10 厘米，顶端渐尖，基部阔楔形至圆形，边缘有锯齿，上面疏生短柔毛，脉上毛较密，具短柄至无柄。花单生或成聚伞花序生于侧生短枝的叶腋或枝顶；萼筒长圆柱形，疏被柔毛，萼齿长约 1 厘米，不等，深达萼檐中部；花冠红色，长 3-4 厘米，直径 2 厘米，裂片不整齐，开展；花丝短于花冠，花药黄色；子房上部的腺体黄绿色，花柱细长，柱头 2 裂。蒴果柱状，黄褐色，果实长 1.5-2.5 厘米，顶有短柄状喙。

花期 4-6 月，果期 8-9 月。

用途： 园艺观赏。

位置： 中心校区稷下广场（D6）和洪家楼校区图书馆（A16）西侧花园、1 号楼（A3，原政管楼）西北角花园有栽培。

yuán zhuī xiù qiú

圆 锥 绣 球 （《中国植物图谱》）

糊溲疏、水亚木（福建），白花丹（广东、广西），轮叶绣球（《植物分类学报》）

虎耳草科绣球属

***Hydrangea paniculata* Sieb.**

panicled hydrangea

特征： 灌木或小乔木，高1-5米，枝暗红褐色或灰褐色。叶纸质2-3片对生或轮生，卵形或椭圆形，长5-14喱厘米，宽2-6.5厘米，圆锥聚伞花序尖塔形，长达26厘米，序轴及分枝密被短柔毛；不育花较多，萼齿短三角形，长约1毫米，花瓣白色，卵形或卵状披针形，长2.5-3毫米，渐尖；雄蕊不等长，长的长达4.5毫米，短的略短于花瓣，花药近圆形，长约0.5毫米。蒴果椭圆形，不连花柱长4-5.5毫米，宽3-3.5毫米，顶端突出部分圆锥形，其长约等于萼筒；种子褐色，扁平，具纵脉纹，轮廓纺锤形，两端具翅，连翅长2.5-3.5毫米，其中翅长0.8-1.2毫米，先端的翅稍宽。

花期7-8月，果期10-11月。

用途： 重要园林绿树种。

位置： 洪家楼校区图书馆（A16）西侧花园的东南角部分沿步道有栽培。

zhēn zhū méi

珍 珠 梅（《中国树木分类学》）

山高粱条子、高楷子、八本条（东北土名），华楸珍珠梅（《东北木本植物图志》），东北珍珠梅（《中国高等植物图鉴》）

蔷薇科珍珠梅属

***Sorbaria sorbifolia* (L.) A. Br.**

ural falsespiraea, mountainash falsespiraea

特征： 落叶灌木，高可达2米。羽状复叶，小叶片11-17枚；小叶片对生，披针形至卵状披针形，边缘有尖锐重锯齿；托叶叶质，卵状披针形至三角披针形。顶生大型密集圆锥花序，总花梗和花梗被星状毛或短柔毛；苞片卵状披针形至线状披针形；花直径10-12毫米；萼筒钟状，外面基部微被短柔毛；萼片三角卵形；花瓣长圆形或倒卵形，白色；雄蕊40-50，长于花瓣1.5-2倍；心皮5。蓇葖果长圆形，有顶生弯曲花柱；萼片宿存，反折。

花期7-8月，果期9月。

用途： 珍珠梅夏日开花，花蕾白亮如珠，花形酷似梅花，花期很长，是很受欢迎的观赏树种；茎皮药用，活血祛瘀，消肿止痛。

位置： 中心校区食堂（A25）北侧路边、稷下广场（D6）、公教楼（A38）南侧花园和洪家楼校区公教楼（A14）南侧路南（配电室北侧）有栽培。

zǐ suì huái
紫穗槐 （《中国主要植物图说·豆科》）

椒条、棉条（《东北木本植物图志》），棉槐、紫槐、槐树（《江苏植物志》）

豆科紫穗槐属

***Amorpha fruticosa* L.**
amorpha, indigobush amorpha, falseindigo, shrubby amorpha

特征： 落叶灌木，丛生，高 1-4 米。叶互生，奇数羽状复叶，长 10-15 厘米，有小叶 11-25 片，基部有线形托叶；小叶卵形或椭圆形，长 1-4 厘米，宽 0.6-2.0 厘米，锐尖或微凹，有一短而弯曲的尖刺。穗状花序常 1 至数个顶生和枝端腋生，长 7-15 厘米，密被短柔毛；花有短梗；苞片长 3-4 毫米；花萼长 2-3 毫米，萼齿三角形，较萼筒短；旗瓣心形，紫色，无翼瓣和龙骨瓣；雄蕊 10，下部合生成鞘，上部分裂，包于旗瓣之中，伸出花冠外。荚果下垂，长 6-10 毫米，宽 2-3 毫米，微弯曲，顶端具小尖，棕褐色。

花、果期 5-10 月。

用途： 原产美国东部，枝叶可作绿肥、家畜饲料，茎皮可提取栲胶，枝条编制篓筐。栽植于河岸、沙地、山坡及铁路沿线，有护堤防沙、防风固沙的作用。

位置： 中心校区图书馆（A31）后东花园内有一丛。

hóng ruì mù

红 瑞 木 （《青岛木本植物名录》）

凉子木（江苏），红瑞山茱萸（《东北木本植物图志》）

山茱萸科梾木属

Swida alba (L.) Opiz

tatarian dogwood

特征： 落叶灌木，丛生，高1-4米。叶互生，奇数羽状复叶，长10-15厘米，有小叶11-25片，基部有线形托叶；小叶卵形或椭圆形，长1-4厘米，宽0.6-2.0厘米，锐尖或微凹，有一短而弯曲的尖刺。穗状花序常1至数个顶生和枝端腋生，长7-15厘米，密被短柔毛；花有短梗；苞片长3-4毫米；花萼长2-3毫米，萼齿三角形，较萼筒短；旗瓣心形，紫色，无翼瓣和龙骨瓣；雄蕊10，下部合生成鞘，上部分裂，包于旗瓣之中，伸出花冠外。荚果下垂，长6-10毫米，宽2-3毫米，微弯曲，顶端具小尖，棕褐色。

花、果期5-10月。

用途： 种子含油量约为30%，可供工业用，常引种栽培作为观赏植物。

位置： 洪家楼校区原法学教学楼（A17）东侧河边草地有栽培。

gǒu qǐ
枸 杞 （《神农草本经》）

牛吉力（浙江），狗牙子（四川），狗牙根（陕西），狗奶子（江苏、安徽、山东）

茄科枸杞属

Lycium chinense **Mill.**

China wolfberry

特征： 落叶灌木；枝条细弱，弓状弯曲或俯垂，小枝顶端锐尖成棘刺状。叶纸质或栽培者质稍厚，单叶互生或2-4枚簇生，卵形、卵状菱形、长椭圆形、卵状披针形，长1.5-5厘米，宽0.5-2.5厘米。花在长枝上单生或双生于叶腋，在短枝上则同叶簇生。花萼长3-4毫米，通常3中裂或4-5齿裂；花冠漏斗状，长9-12毫米，淡紫色，筒部向上骤然扩大，5深裂，裂片卵形，平展或稍向外反曲，边缘有缘毛，基部耳显著；雄蕊较花冠稍短，或因花冠裂片外展而伸出花冠，花丝在近基部处密生一圈绒毛并交织成椭圆状的毛丛；花柱稍伸出雄蕊，上端弓弯，柱头绿色。浆果红色，卵状，长7-15毫米，栽培者长可达2.2厘米，直径5-8毫米。种子扁肾脏形，长2.5-3毫米，黄色。

花果期6-11月。

用途： 果实药用有滋肝补肾、明目的作用；根皮药用，有解热止咳之效用；由于它耐干旱，可生长在沙地，因此可作为水土保持的灌木。

位置： 中心校区和洪家楼校区林下、草地、灌丛中常见野生植株。

攀援在灌丛上的枸杞花枝

● 藤蔓宛转 ●

wū liǎn méi

乌蔹莓 （《唐本草》）

五爪龙（广东），虎葛（《台湾植物志》）

葡萄科乌蔹莓属

***Cayratia japonica* (Thunb.) Gagnep.**

Japan cayratia

特征： 草质藤本。小枝圆柱形，有纵棱纹。卷须2-3叉分枝，相隔2节间断与叶对生。叶为鸟足状5小叶，中央小叶长椭圆形或椭圆披针形，长2.5-4.5厘米，宽1.5-4.5厘米，侧生小叶椭圆形或长椭圆形，长1-7厘米，宽0.5-3.5厘米。花序腋生，复二歧聚伞花序；花序梗长1-13厘米，花梗长1-2毫米；花蕾卵圆形，顶端圆形；萼碟形，边缘全缘或波状浅裂；花瓣4，三角状卵圆形，高1-1.5毫米，外面被乳突状毛；雄蕊4，花药卵圆形；花盘发达，4浅裂；子房下部与花盘合生，花柱短，柱头微扩大。浆果近球形，直径约1厘米，有种子2-4颗；种子三角状倒卵形，顶端微凹，基部有短喙。

花期3-8月，果期8-11月。

用途： 全草入药，有凉血解毒、利尿消肿之功效。

位置： 中心校区和洪家楼校区均有，多在阴凉处林下灌丛中杂生。

紫藤 （《开宝本草》）

豆科紫藤属

Wisteria sinensis (Sims) Sweet

Chinese wistaria

特征： 落叶藤本。茎左旋，枝较粗壮，嫩枝被白色柔毛。奇数羽状复叶长15-25厘米；托叶线形，早落；小叶3-6对，纸质，卵状椭圆形至卵状披针形；小托叶刺毛状，宿存。总状花序发自去年生短枝的腋芽或顶芽，长15-30厘米，径8-10厘米，花序轴被白色柔毛；苞片披针形，早落；花长2-2.5厘米，芳香；花萼杯状，密被细绢毛；花冠紫色，旗瓣圆形，先端略凹陷，花开后反折，基部有2胼胝体，翼瓣长圆形，基部圆，龙骨瓣较翼瓣短，阔镰形，子房线形，密被绒毛，花柱上弯，胚珠6-8粒。荚果倒披针形，长10-15厘米，宽1.5-2厘米，密被绒毛，悬垂枝上不脱落，有种子1-3粒；种子褐色，圆形，扁平。

花期4月中旬至5月上旬，果期5-8月。

用途： 本种我国自古即栽培作庭园棚架植物，先叶开花，紫穗满垂缀以稀疏嫩叶，十分优美。

位置： 中心校区图书馆（A31）后花园和文史楼（A8）北侧棚架有种植。

李白《紫藤树》诗曰:"紫藤挂云木,花蔓宜阳春。密叶隐歌鸟,香风留美人。"鸟语花香之际,在中心校区的紫藤花廊下欣然相坐或走来走去,你可曾将这首紫藤诗想起?而年年岁岁花相似的时光里,又是什么样的情愫让你想起阳春歌鸟,想起香风美人,想起自己山大紫藤花映照着的大好青春……

(纪红)

jiù huāng yě wān dòu

救荒野豌豆 （《中国主要植物图说·豆科》）

大巢菜（《本草纲目》），薇、野豌豆（《本草纲目》），野菉豆
（《植物名实图考》），箭舌野豌豆（华北）

豆科野豌豆属

***Vicia sativa* L.**

cultiva vetch, common vetch, sparrow vetch

特征： 一年生或二年生草本，高15-90厘米。茎斜升或攀援，单一或
多分枝，具棱，被微柔毛。偶数羽状复叶长2-10厘米，叶轴顶端卷须
有2-3分支；托叶戟形，通常2-4裂齿；小叶2-7对，长椭圆形或近心
形，长0.9-2.5厘米，宽0.3-1厘米，先端圆或平截有凹，具短尖头。花
1-2（4）腋生，近无梗；萼钟形，外面被柔毛，萼齿披针形或锥形；
花冠紫红色或红色，旗瓣长倒卵圆形，先端圆，微凹，中部缢缩，
翼瓣短于旗瓣，长于龙骨瓣；子房线形，胚珠4-8，子房具柄短，
花柱上部被淡黄白色髯毛。荚果线长圆形，长4-6厘米，宽0.5-0.8厘
米，表皮土黄色种间缢缩，有毛，成熟时背腹开裂，果瓣扭曲。种子
4-8，圆球形，棕色或黑褐色。

花期4-7月，果期7-9月。

用途： 为绿肥及优良牧草。嫩茎叶可食，花果期和种子有毒。全草
药用。

位置： 中心校区原生命科学学院北楼（A51）北侧路边草地有小片
生长。

　　救荒野豌豆古时称为"薇"，是《诗经》多次歌咏的植物。在《诗经》的吟诵中，薇不仅是可以充饥救荒的野菜，是无数征夫心头"采薇采薇，薇亦作止。曰归曰归，岁亦莫止"的无限乡愁，也是伯夷、叔齐"登彼西山兮，采其薇矣"的大义情怀。一薇一叶，浓缩了多少人间烟火和"长歌怀采薇"的先贤喟叹啊。

（张淑萍）

dà huā yě wān dòu
大花野豌豆 （《东北草本植物志》）

山䔽豆（《救荒本草》），三齿萼野豌豆（《中国主要植物图说·豆科》），（《中国高等植物图鉴》），野豌豆（陕西、山西、四川）

豆科野豌豆属

***Vicia bungei* Ohwi**

bigflower vetch

特征： 一年生或二年生缠绕或匍匐伏草本，高15-40（50）厘米。茎有棱，偶数羽状复叶顶端卷须有分枝；小叶3-5对，长圆形或狭倒卵长圆形，长1-2.5厘米，宽0.2-0.8厘米，先端平截微凹。总状花序长于叶或与叶轴近等长；具花2-4（5）朵，着生于花序轴顶端，长2-2.5厘米，萼钟形，被疏柔毛，萼齿披针形；花冠红紫色或金蓝紫色，旗瓣倒卵披针形，先端微缺，翼瓣短于旗瓣，长于龙骨瓣；子房柄细长，沿腹缝线被金色绢毛，花柱上部被长柔毛。荚果扁长圆形，长2.5-3.5厘米，宽约0.7厘米。种子2-8，球形。

花期4-5月，果期6-7月。

用途： 嫩茎叶可做蔬菜。

位置： 中心校区原环境科学与工程学院（A52）南路边草地、音乐厅（A34）西南角西府海棠林下草地有野生。

qiān niú

牵牛 (《名医别录》)

牵牛花、喇叭花（各地通称），筋角拉子（江苏），大牵牛花（广西）

旋花科牵牛属

Pharbitis nil (L.) Choisy

whiteedge morning-glory

特征： 一年生缠绕草本，茎上被倒向的短柔毛及杂有倒向或开展的长硬毛。叶宽卵形或近圆形，深或浅的3裂，偶5裂，长4-15厘米，宽4.5-14厘米，基部圆，心形。花腋生，单一或通常2朵着生于花序梗顶，花序梗长短不一，通常短于叶柄，毛被同茎；苞片线形或叶状，被开展的微硬毛；小苞片线形；萼片近等长，长2-2.5厘米，披针状线形，内面2片稍狭，外面被开展的刚毛；花冠漏斗状，长5-8(10)厘米，蓝紫色或紫红色，花冠管色淡；雄蕊及花柱内藏；雄蕊不等长；花丝基部被柔毛；子房无毛，柱头头状。蒴果近球形，直径0.8-1.3厘米，3瓣裂。种子卵状三棱形，黑褐色或米黄色。

花果期7-8月。

用途： 除栽培供观赏外，种子为常用中药，名丑牛子（云南）、黑丑、白丑、二丑（黑、白种子混合），入药多用黑丑，有泻水利尿，逐痰，杀虫的功效。

位置： 各校区均有，多生于路边草地或攀爬在绿篱上。

dǎ wǎn huā

打 碗 花 （《中国高等植物图鉴》）

燕覆子（《图考》），扶苗、扶子苗（山东），旋花苦蔓（山西）

旋花科打碗花属

Calystegia hederacea Wall. ex. Roxb.

ivy glorybind

特征： 一年生草本，常自基部分枝，具细长白色的根。茎细，平卧，有细棱。基部叶片长圆形，上部叶片3裂。花腋生，1朵，花梗长于叶柄，有细棱；苞片宽卵形，长0.8-1.6厘米，顶端钝或锐尖至渐尖；萼片长圆形，长0.6-1厘米，顶端钝，具小短尖头，内萼片稍短；花冠淡紫色或淡红色，钟状，长2-4厘米，冠檐近截形或微裂；雄蕊近等长，花丝基部扩大，贴生花冠管基部，被小鳞毛；子房无毛，柱头2裂，裂片长圆形，扁平。蒴果卵球形，长约1厘米，宿存萼片与之近等长或稍短。种子黑褐色，长4-5毫米，表面有小疣。

用途： 根药用，治妇女月经不调。

位置： 各校区均有，多生于路边草地，夏季多见。

　　打碗花即是《诗经》中的葍，被视为恶草。《诗经·小雅·我行其野》云："我行其野，言采其葍。不思旧姻，求尔新特。"《救荒本草》云："葍子根俗名打碗花。开花状似牵牛花，微短而圆，粉红色。"今天，我们已不会视其为恶草了。

（隗茂杰）

hóng bái rěn dōng

红白忍冬 （变种）（新拟）

忍冬科忍冬属

Lonicera japonica var. *chinensis* (P. Watson) Baker
China honeysuckle

特征： 半常绿藤本；幼枝紫黑色，密被黄褐色、开展的硬直糙毛、腺毛和短柔毛。叶纸质，卵形至矩圆状卵形，有时卵状披针形，长3-5(9.5)厘米。总花梗通常单生于小枝上部叶腋，密被短柔毛，并夹杂腺毛；苞片大，叶状，卵形至椭圆形，两面均有短柔毛或有时近无毛；小苞片顶端圆形或截形，比萼筒狭，为萼筒的1/2-4/5，有短糙毛和腺毛；萼筒长约2毫米，无毛，萼齿卵状三角形或长三角形，顶端尖而有长毛，外面和边缘都有密毛；花冠外面紫红色，内面白色，后变黄色，长(2)3-4.5(6)厘米，唇形，筒稍长于唇瓣，外被多少倒生的开展或半开展糙毛和长腺毛，上唇裂片较长，顶端钝形，下唇带状而反曲；雄蕊和花柱均高出花冠。果实圆形，直径6-7毫米，熟时蓝黑色，有光泽；种子卵圆形或椭圆形，褐色。

花期4-6月（秋季亦常开花），果熟期10-11月。

用途： 常作园艺观赏，鲜花干制后微炒可代茶饮。

位置： 洪家楼校区原法学教学楼（A17）东南角河边有种植。

疏篱翠蔓玉交加，雨后清香透幔纱。独表芳心三月尽，忍冬宜映忍春花。
（清·陈曾寿《忍冬花》）

niǔ zǐ guā
钮子瓜

野杜瓜（俗名）

葫芦科马㼎儿属

***Zehneria maysorensis* (Wight et Arn.) Arn.**

button melon

特征： 草质藤本。茎、枝细弱，有沟纹，多分枝。叶片膜质，宽卵形或稀三角状卵形，长、宽均为 3-10 厘米，上面深绿色，粗糙，背面苍绿色，基部弯缺半圆形，边缘有小齿或深波状锯齿，脉掌状。卷须丝状，单一。雌雄同株。雄花：常 3-9 朵生于总梗顶端呈近头状或伞房状花序；雄花梗开展，极短；花萼筒宽钟状，长 2 毫米，宽 1-2 毫米，裂片狭三角形，长 0.5 毫米；花冠白色，裂片卵形或卵状长圆形，长 2-2.5 毫米；雄蕊 3 枚，2 枚 2 室，1 枚 1 室，有时全部为 2 室，插生在花萼筒基部，花药卵形。雌花：单生，稀几朵生于总梗顶端或极稀雌雄同序；子房卵形。果梗细，长 0.5-1 厘米；瓠果球状或卵状，直径 1-1.4 厘米，浆果状。种子卵状长圆形，扁压，平滑。

花期 4-8 月，果期 8-11 月。

位置： 中心校区图书馆（A31）后花园内草地上有野生。

jī shǐ téng

鸡矢藤 （《植物名实图考》）

牛皮冻（《植物名实图考》），女青（《本草纲目》），解暑藤（福建），鸡屎藤（俗名）

茜草科鸡矢藤属

***Paederia scandens* (Lour.) Merr**

China fevervine herb

特征： 草质藤本，茎长3-5米。叶对生，纸质或近革质，形状变化很大、卵形、卵状长圆形至披针形，长5-9 (15)厘米，宽1-4 (6)厘米，揉碎有臭味。圆锥花序式的聚伞花序腋生和顶生，分枝对生，末次分枝上着生的花常呈蝎尾状排列；小苞片披针形，长约2毫米；萼管陀螺形，长1-1.2毫米，萼檐裂片5，裂片三角形；花冠浅紫色，管长7-10毫米，外面被粉末状柔毛，里面被绒毛，顶部5裂，花药背着，花丝长短不齐。果球形，成熟时近黄色，有光泽，直径5-7毫米，顶冠以宿存的萼檐裂片和花盘；小坚果无翅，浅黑色。

花期5-7月。

用途： 全草可入药。

位置： 各校区均有，杂生于林下草地或攀援在灌木丛上。

fú fāng téng

扶芳藤 （《中国高等植物图鉴》）

卫矛科卫矛属

***Euonymus fortunei* (Turcz.) Hand.-Mazz.**

fufangteng euonymus

特征： 常绿藤本灌木，高1至数米。叶薄革质，椭圆形、长方椭圆形或长倒卵形，宽窄变异较大，长3.5-8厘米，宽1.5-4厘米。聚伞花序3-4次分枝；最终小聚伞花密集，有花4-7朵，分枝中央有单花；花白绿色，4数，直径约6毫米；花盘方形，直径约2.5毫米；花丝细长，花药圆心形；子房三角锥状，四棱，粗壮明显。蒴果粉红色，果皮光滑，近球状，直径6-12毫米；种子长方椭圆状，棕褐色，假种皮鲜红色，全包种子。

花期6月，果期10月。

用途： 广泛应用于园林绿化，种植于林下作地被或攀援藤本。

位置： 中心校区公教楼（A38）北侧林下有大片种植。

hòu è líng xiāo

厚萼凌霄 （《中国高等植物图鉴》）

紫葳（《植物名实图考》），苕华（《神农本草经》）

紫葳科凌霄属

Campsis radicans (L.) Seem.

Trumpet creeper

特征： 藤本，具气生根，长达 10 米。小叶 9-11 枚，椭圆形至卵状椭圆形，长 3.5-6.5 厘米，宽 2-4 厘米，顶端尾状渐尖，基部楔形，边缘具齿，上面深绿色，下面淡绿色，被毛，至少沿中肋被短柔毛。花萼钟状，长约 2 厘米，口部直径约 1 厘米，5 浅裂至萼筒的 1/3 处，裂片齿卵状三角形，外向微卷，无凸起的纵肋。花冠筒细长，漏斗状，橙红色至鲜红色，筒部为花萼长的 3 倍，6-9 厘米，直径约 4 厘米。蒴果长圆柱形，长 8-12 厘米，顶端具喙尖，沿缝线具龙骨状突起，粗约 2 毫米，具柄，硬壳质。

用途： 原产美洲，可供观赏。花可代凌霄花入药，功效与凌霄花类同。

位置： 中心校区南门（C1）内东侧花园（D16）、稷下广场（D6）均有，常攀附于枫杨树。

　　宋代贾昌期写凌霄："披云似有凌云志，向日宁无捧日心。珍重青松好依托，直从平地起千寻。"以此观凌霄，让人心生珍重之情。爱凌霄，就爱它的光明气象，这就是草木志气的理所应当了。

（纪红）

321

luó mó
萝 藦 （《唐本草》）

羊角、蔓藤草、奶合藤、土古藤、浆罐头、奶浆藤（华北），天将果、千层须、飞来鹤、乳浆藤、鹤瓢棵、老人瓢（华东）
萝藦科萝藦属

Metaplexis japonica (Thunb.) Makino
Japanese metaplexis

特征： 多年生草质藤本，具乳汁。叶膜质，卵状心形，长5-12厘米，宽4-7厘米，叶耳圆，两叶耳展开或紧接。总状式聚伞花序腋生或腋外生，具长总花梗；花梗长8毫米，被短柔毛，着花通常13-15朵；小苞片膜质，披针形；花蕾圆锥状，顶端尖；花萼裂片披针形，长5-7毫米，宽2毫米，外面被微毛；花冠白色，有淡紫红色斑纹，近辐状，花冠筒短，花冠裂片披针形，张开，顶端反折，内面被柔毛；副花冠环状，着生于合蕊冠上，短5裂，裂片兜状；雄蕊连生成圆锥状，并包围雌蕊在其中，花药顶端具白色膜片；花粉块卵圆形，下垂；柱头延伸成1长喙，顶端2裂。蓇葖果叉生，纺锤形，长8-9厘米，直径2厘米；种子扁平，卵圆形，顶端具白色绢质种毛。

花期7-8月，果期9-12月。

用途： 全株可药用。

位置： 中心校区和洪家楼校区均有，常缠绕在灌木丛和高大草本上。

hé shǒu wū

何首乌 （《开宝本草》）

多花蓼，紫乌藤，夜交藤

蓼科何首乌属

Fallopia multiflora (Thunb.) Haraldson

heshouwu

特征： 多年生草本。块根肥厚，长椭圆形，黑褐色。茎缠绕，长2-4米，多分枝，具纵棱，下部木质化。叶卵形或长卵形，长3-7厘米，宽2-5厘米，基部心形或近心形；托叶鞘膜质。花序圆锥状，顶生或腋生，长10-20厘米；苞片三角状卵形，每苞内具2-4花；花梗细弱，果时延长；花被5深裂，白色或淡绿色，花被片椭圆形，大小不相等，外面3片较大背部具翅，果时增大，花被果时外形近圆形，直径6-7毫米；雄蕊8，花丝下部较宽；花柱3，极短，柱头头状。瘦果卵形，具3棱，黑褐色，包于宿存花被内。

花期8-9月，果期9-10月。

用途： 块根入药，安神、养血、活络。

位置： 中心校区和洪家楼校区多处有野生，常缠绕在灌木丛上，洪家楼校区南门（C1）内西侧灌木丛上很多。

qiàn cǎo

茜 草 （《汉官仪》）

茜草科茜草属

***Rubia cordifolia* L.**

India madder

特征： 草质攀援藤木，长通常1.5-3.5米；根状茎和其节上的须根均红色；茎数至多条，从根状茎的节上发出，细长，方柱形，有4棱，棱上生倒生皮刺，中部以上多分枝。叶通常4片轮生，纸质，披针形或长圆状披针形，长0.7-3.5厘米，基部心形，边缘有齿状皮刺，两面粗糙，脉上有微小皮刺；基出脉3条，极少外侧有1对很小的基出脉。叶柄长通常1-2.5厘米，有倒生皮刺。聚伞花序腋生和顶生，多回分枝，有花10余朵至数十朵，花序和分枝均有微小皮刺；花冠淡黄色，盛开时花冠檐部直径约3-3.5毫米，花冠裂片近卵形，长约1.5毫米。果球形，直径通常4-5毫米，成熟时橘黄色。

花期8-9月，果期10-11月。

用途： 根和根茎入药，凉血止血、活血化瘀。

位置： 各校区均有，多生于林下草地或灌丛，缠绕在高大草本或灌木上。

●芳草萋萋●

cù jiāng cǎo

酢浆草 （《唐本草》）

酸味草（广东 广州），鸠酸（《唐本草》），酸醋酱（河南）

酢浆草科酢浆草属

***Oxalis corniculata* L.**

creeping woodsorrel, creeping oxalis

特征： 草本，高10-35厘米，全株被柔毛。茎细弱，多分枝，匍匐茎节上生根。叶基生或茎上互生；指状复叶，小叶3，倒心形，长4-16毫米，宽4-22毫米，先端凹入，两面被柔毛或表面无毛。花单生或数朵集为伞形花序状，腋生，总花梗淡红色；小苞片2，披针形，膜质；萼片5，披针形或长圆状披针形，长3-5毫米，背面和边缘被柔毛，宿存；花瓣5，黄色，长圆状倒卵形，长6-8毫米，宽4-5毫米；雄蕊10，花丝基部合生，长、短互间；子房长圆形，5室，花柱5，柱头头状。蒴果长圆柱形，长1-2.5厘米，5棱。

花、果期2-9月。

用途： 全草入药，能解热利尿，消肿散淤；茎叶含草酸，可用于磨镜或擦铜器，使其具光泽。牛羊食其过多可中毒致死。

位置： 各校区均有，多生于路边或林下草地，中心校区大成广场（D15）林下常见。

小时候叫它"酸溜溜"，因为它的叶子尝起来有酸味。花盆里经常见到，我总将其视为杂草拔掉，后来觉得心形叶子也别有一番风味。记得董明珠楼前的流苏树下有一片，开出黄色的小花，别是一种风景。

（隗茂杰）

hóng huā cù jiāng cǎo

红花酢浆草 （《广州植物志》）

铜锤草（《拉汉英种子植物名称》），南天七（《湖北植物志》），
紫花酢浆草（《台湾植物志》），多花酢浆草（陕西西安）

酢浆草科酢浆草属

Oxalis corymbosa DC.

red woodsorrel, copperhammer grass

特征： 多年生直立草本。无地上茎，地下部分有球状鳞茎。叶基生；
指状复叶，小叶3，扁圆状倒心形，长1-4厘米，宽1.5-6厘米，顶端凹
入，两侧角圆形。总花梗基生，二歧聚伞花序，通常排列成伞形花序
式；花梗、苞片、萼片均被毛；每花梗有披针形干膜质苞片2枚；萼
片5，披针形，长4-7毫米，先端有暗红色长圆形的小腺体2枚；花瓣
5，倒心形，长1.5-2厘米，淡紫色至紫红色；雄蕊10枚，长的5枚超出
花柱，另5枚长至子房中部，花丝被长柔毛；子房5室，花柱5，被锈
色长柔毛，柱头浅2裂。蒴果室背开裂。

果期3-12月。

用途： 全草入药。

位置： 中心校区图书馆（A31）前林下草地有见。

xià zhì cǎo

夏至草

灯笼棵（江苏邳县），夏枯草（《滇南本草》），白花夏枯、白花益母（云南各地）

唇形科夏至草属

Lagopsis supina (Steph.) Ikonn.-Gal.

lagopsis

特征： 多年生草本，具圆锥形的主根。茎高 15-35 厘米，四棱形，具沟槽，带紫红色，密被微柔毛，常在基部分枝。叶轮廓为圆形，长宽 1.5-2 厘米，3 深裂或浅裂，通常基部越冬叶较宽大，上面疏生微柔毛。轮伞花序疏花，在枝条上部者较密集；小苞片弯曲，刺状，密被微柔毛。花萼管状钟形，长约 4 毫米，外密被微柔毛，齿 5，不等大。花冠白色，稍伸出于萼筒，外面被绵状长柔毛，内面被微柔毛；冠筒长约 5 毫米；冠檐二唇形，上唇直伸，比下唇长，长圆形，下唇斜展，3 浅裂。雄蕊 4，2 强，着生于冠筒中部稍下，不伸出；花药卵圆形，2 室。花柱先端 2 浅裂。小坚果长卵形，褐色。

花期 3-4 月，果期 5-6 月。

用途： 云南有些地方用全草入药，功用同益母草。

位置： 各校区均有，多见于路边和林下草地。

　　识花攻略：夏至草多于早春萌芽开花，很快结果，在夏至前后果熟枯萎，故而得名。夏至草也有秋季植株，一般只有基生叶。夏至草常代益母草入药，称为白花益母草。据考证，《诗经》中"中谷有蓷"的"蓷"即指夏至草。

lì zhī cǎo

荔枝草

皱皮葱、雪里青、过冬青、凤眼草、隔冬青、土犀角（《本草纲目
拾遗》），荠苎（《植物名实图考》），土荆芥（云南）

唇形科鼠尾草属

***Salvia plebeia* R. Br.**

litchi sage

特征： 一年生或二年生草本。茎直立，方形，多分枝，被向下的灰
白色疏柔毛。叶椭圆状卵圆形或椭圆状披针形，长2-6厘米，宽0.8-
2.5厘米，上面被稀疏的微硬毛，下面被短疏柔毛。轮伞花序6花，多
数，在茎、枝顶端密集组成总状或总状圆锥花序；苞片披针形，两
面被疏柔毛。花萼钟形，二唇形，上唇先端具3个小尖头，下唇深裂
成2齿。花冠淡红、淡紫、紫、蓝紫至蓝色，冠筒内面中部有毛环，
冠檐二唇形，上唇长圆形，下唇3裂。能育雄蕊2，着生于下唇基
部，略伸出花冠外。花柱和花冠等长，先端不相等2裂。小坚果倒卵
圆形，成熟时干燥，光滑。

花期4-5月，果期6-7月。

用途： 全草入药，民间广泛用于跌打损伤，无名肿毒，流感，咽喉
肿痛，小儿惊风，吐血，淋巴腺炎，哮喘，腹水肿胀，痔疮肿痛，
一切疼痛及胃癌等症。

位置： 各校区均有，常见于林下草地，洪家楼校区公教楼（A14）前
草地有见。

ní hú cài
泥 胡 菜 （《东北植物检索表》）

猪兜菜（广西），艾草（海南）
菊科泥胡菜属

***Hemistepta lyrata* (Bunge) Bunge**
lyrate hemistepta

特征： 一年生草本，高30-100厘米。茎单生，被稀疏蛛丝毛。基生叶长椭圆形或倒披针形，花期通常枯萎；中下部茎叶与基生叶同形，全部叶大头羽状深裂或几全裂，侧裂片通常4-6对，倒卵形、长椭圆形、匙形、倒披针形或披针形。全部茎叶两面异色，上面绿色，下面灰白色，被厚或薄绒毛。头状花序在茎枝顶端排成疏松伞房花序。总苞宽钟状或半球形，直径1.5-3厘米。总苞片多层，覆瓦状排列；外层及中层椭圆形或卵状椭圆形；最内层线状长椭圆形或长椭圆形。中外层苞片外面上方近顶端有直立的鸡冠状突起的附片，附片紫红色，内层苞片顶端长渐尖，上方染红色。小花紫色或红色，花冠长1.4厘米，檐部长3毫米，深5裂，花冠裂片线形，细管部为细丝状。瘦果小，楔状或偏斜楔形，深褐色，压扁。冠毛异型，白色，两层，外层冠毛刚毛羽毛状，基部连合成环，整体脱落；内层冠毛刚毛极短，鳞片状，3-9个，着生一侧，宿存。

花果期3-8月。

位置： 各校区均有，路边和林下草地常见。

zhōng huá xiǎo kǔ mǎi

中华小苦荬 （《中国高等植物图鉴》）

小苦苣，黄鼠草，山苦荬（俗名）

菊科小苦荬属

***Ixeridium chinense* (Thunb.) Tzvel.**

China ixeris

特征： 多年生草本，茎叶有乳汁。根垂直直伸，通常不分枝。根状茎极短缩。茎直立单生或少数茎成簇生，上部伞房花序状分枝。基生叶长椭圆形、倒披针形、线形或舌形，包括叶柄长 2.5-15 厘米，宽 2-5.5 厘米，全缘，或羽状浅裂、半裂或深裂。茎生叶 2-4 枚，长披针形或长椭圆状披针形，基部常扩大，耳状抱茎。头状花序通常在茎枝顶端排成伞房花序，含舌状小花 21-25 枚。总苞圆柱状；总苞片 3-4 层，外层及最外层宽卵形，内层长椭圆状倒披针形。舌状小花黄色，干时带红色。瘦果褐色，长椭圆形，喙细，细丝状。冠毛白色，微糙。

花果期 1-10 月。

用途： 全草可入药，清热解毒，泻肺火，凉血，止血，止痛，调经，活血，化腐生肌。治无名肿毒，阴囊湿疹，肺炎，跌打损伤，骨折。

位置： 各校区均有，路边草地常见。

中华小苦荬贴近地面的叶片混杂在草丛里，并不起眼。但它却高举起自己的花朵，或白或黄，随着微风左右摇晃。如若几株凑在一块，便像是随心任情的画笔，给绿地点染几抹别样的色彩。这种低头常见的植物可食用可入药，细心辨认起来，亦是春夏一趣。

（陈钰）

bào jīng xiǎo kǔ mǎi

抱茎小苦荬 （《中国高等植物图鉴》）

苦碟子，抱茎苦荬菜，苦荬菜，秋苦荬菜，盘尔草，鸭子食

菊科小苦荬属

***Ixeridium sonchifolium* (Maxim.) C. Shih**

sowthistle-leaf ixeris

特征： 多年生草本，高15-60厘米。茎单生，上部伞房花序状或伞房圆锥花序状分枝。基生叶莲座状，匙形、长倒披针形或长椭圆形，或不分裂，边缘有锯齿，或大头羽状深裂；中下部茎叶长椭圆形、匙状椭圆形、倒披针形或披针形，羽状浅裂或半裂，向基部扩大，心形或耳状抱茎；上部茎叶及接花序分枝处的叶心状披针形，向基部心形或圆耳状扩大抱茎。头状花序多数或少数，在茎枝顶端排成伞房花序或伞房圆锥花序，含舌状小花约17枚。总苞片3层，外层及最外层短，卵形或长卵形，内层长披针形。舌状小花黄色。瘦果黑色，纺锤形，有10条高起的钝肋，向上渐尖成细喙，喙细丝状。冠毛白色。

花果期3-5月。

用途： 嫩茎叶可食。全草入药，清热解毒，有凉血、活血之功效。

位置： 各校区均有，路边和林下草地常见。

bái máo

白 茅 (《本草经集注》)

禾本科白茅属

Imperata cylindrica (L.) Beauv.

white cogongrass,lalang grass

特征： 多年生，具粗壮的长根状茎。秆直立，高30-80厘米，具1-3节。叶鞘聚集于秆基，老后破碎呈纤维状；叶舌膜质，紧贴其背部或鞘口，分蘖叶片长约20厘米，扁平，质地较薄；秆生叶片长1-3厘米，窄线形。圆锥花序稠密，长20厘米，小穗长4.5-5(6)毫米，基盘具丝状柔毛；两颖草质及边缘膜质，具5-9脉，脉间疏生长丝状毛，第一外稃卵状披针形，透明膜质，无脉，第二外稃与其内稃近相等，卵圆形；雄蕊2枚，花药长3-4毫米；花柱细长，柱头2，紫黑色，羽状，自小穗顶端伸出。颖果椭圆形，长约1毫米。

花果期4-6月。

用途： 根状茎称"白茅根"，味甜多汁，幼嫩花序称"茅针""谷荻"，味甜，均可食用。 白茅根入药，可凉血，止血，清热利尿；茅针入药，治衄血，吐血，外伤出血等症。分蘖叶片可编制绳索。

位置： 中心校区图书馆（A31）后林下草地有见。

　　20世纪80年代的乡村生活中，白茅给一代人的童年留下了太多美好的记忆。唇齿间茅根的甘甜，掌心里"谷荻"的柔润，劳作中茅绳的结实，还有雨后茅草丛里成群冒出的小蘑菇，都变成大自然轻快的音符，流淌成时光的星河。

　　在我国古代，白茅还是纯洁和爱情的象征，《诗经·邶风·静女》中"自牧归荑，洵美且异"所说的"荑"，即"静女"从野外采摘送给爱人的礼物，就是我们小时候经常采摘的白茅茅针"谷荻"呢。

（张淑萍）

yuān wěi
鸢 尾 （《中国植物学杂志》）

屋顶鸢尾（《中国植物学杂志》），蓝蝴蝶（广州），紫蝴蝶、扁竹花（陕西），蛤蟆七（湖北）
鸢尾科鸢尾属

***Iris tectorum* Maxim.**
swordflag

特征：多年生草本，植株基部围有老叶残留的膜质叶鞘及纤维。叶基生，黄绿色，稍弯曲，宽剑形，长 15-50 厘米，宽 1.5-3.5 厘米，基部鞘状。花茎高 20-40 厘米，顶部常有 1-2 个短侧枝，中、下部有 1-2 枚茎生叶；苞片 2-3 枚，绿色，边缘膜质，披针形或长卵圆形，内包含有 1-2 朵花；花蓝紫色，直径约 10 厘米；花梗甚短；花被管细长，上端膨大成喇叭形，外花被裂片圆形或宽卵形，长 5-6 厘米，宽约 4 厘米，爪部狭楔形，中脉上有不规则的鸡冠状附属物，内花被裂片椭圆形，长 4.5-5 厘米，宽约 3 厘米，花盛开时向外平展，爪部突然变细；雄蕊长约 2.5 厘米，花药鲜黄色，花丝细长；花柱分枝扁平，淡蓝色，子房纺锤状圆柱形。蒴果长椭圆形或倒卵形，长 4.5-6 厘米，直径 2-2.5 厘米，有 6 条明显的肋，成熟时自上而下 3 瓣裂；种子黑褐色，梨形。

花期 4-5 月，果期 6-8 月。

用途：广泛栽培做园林观赏草花；根状茎治关节炎、跌打损伤、食积、肝炎等症；对氟化物敏感，可用以鉴测环境污染。

位置：洪家楼校区图书馆（A16）前花园林下有栽。

　　席慕蓉的诗《鸢尾花》中说："请保持静默，永远不要再回答我，终究必须离去这柔媚清朗，有着微微湿润的风的春日。"的确，雨后的鸢尾艳丽得恰到好处，恰如刚出浴的美人，花瓣上的雨珠像是发梢上未擦干的水滴，又像是脉脉含情的双眸里沁出的泪珠。让人看了顿生怜惜之情。

（吴雪茵　隈茂杰）

yǔ yī gān lán
羽衣甘蓝

十字花科芸薹属

Brassica oleracea var. acephala f. tricolor Hort.

kales, borecole

特征： 甘蓝的栽培变型。二年生草本。叶片肥厚，倒卵形，皱缩，呈鸟羽状，白黄、黄绿、粉红或红紫等色，有长叶柄。总状花序顶生，花黄色。角果，扁圆形；种子球形，褐色。
花期4月。

用途： 城市公园绿地、花坛多有栽培，为深秋和初冬观叶、春季观花植物。

位置： 中心校区稷下广场（D6）和洪家楼校区自由路（B2）花坛中有种植。

没错，这种在初冬仍然可以或葱绿或紫翠的观叶植物看起来很像一个一个的卷心菜。其实，不只是像，它和我们熟悉的卷心菜、花椰菜（菜花），以及欧美超市中常见的鹌鹑蛋大小的抱子甘蓝就是一个物种，它们都是野甘蓝（*Brassica oleracea* L. var. *oleracea*）的栽培变种，只是经过人类长期的选择驯化，变成了各自现在的模样，可食、可赏，亦可野蛮生长。

（张淑萍）

zhū gě cài

诸 葛 菜 （《种子植物名录》）

二月蓝（北京）

十字花科诸葛菜属

***Orychophragmus violaceus* (L.) O. E. Schulz**

violet orychophragmus

特征： 一年生或二年生草本，高10-50厘米。茎单一，直立，基部或上部稍有分枝，浅绿色或带紫色。基生叶及下部茎生叶大头羽状全裂；上部叶长圆形或窄卵形，基部耳状，抱茎，边缘有不整齐牙齿。花紫色、浅红色或褪成白色，直径2-4厘米；花梗长5-10毫米；花萼筒状，紫色，萼片长约3毫米；花瓣宽倒卵形，长1-1.5厘米，宽7-15毫米，密生细脉纹，爪长3-6毫米。长角果线形，长7-10厘米；具4棱，裂瓣有1凸出中脊，喙长1.5-2.5厘米。种子卵形至长圆形，长约2毫米，稍扁平，黑棕色，有纵条纹。

花期4-5月，果期5-6月。

用途： 嫩茎叶用开水泡后，再放在冷开水中浸泡，直至无苦味时即可炒食。种子可榨油。

位置： 中心校区公教楼（A38）东头小径有种植，林下草地散生者亦常见。

诸葛菜又称"二月蓝"，在众多花草中，二月蓝总能给你惊喜。她虽叫"二月蓝"，却会在三月初开花，这时的济南还有些春寒料峭，当你猛然间看到蓝花簇簇时，不要惊讶，济南的春天要来了！

（隈茂杰）

qīng cài

青 菜 （通称）

小白菜（通称），油菜（东北），小油菜（《经济植物手册》）

十字花科芸薹属

Brassica chinensis L.

pakchoi

特征： 一年生或二年生草本，高25-70厘米，带粉霜；茎直立，有分枝。基生叶倒卵形或宽倒卵形，长20-30厘米，坚实，深绿色，有光泽，基部渐狭成宽柄。全缘或有不显明圆齿或波状齿。中脉白色。宽达1.5厘米，有多条纵脉；叶柄长3-5厘米；下部茎生叶和基生叶相似，基部渐狭成叶柄；上部茎生叶倒卵形或椭圆形，长3-7厘米，宽1-3.5厘米，基部抱茎，两侧有垂耳。总状花序顶生，呈圆锥状；花浅黄色，长约1厘米，授粉后长达1.5厘米；萼片长圆形，长3-4毫米，白色或黄色；花瓣长圆形，长约5毫米，具宽爪。长角果线形，长2-6厘米，宽3-4毫米，坚硬，喙顶端细，基部宽，长8-12毫米；果梗长8-30毫米。种子球形，直径1-1.5毫米，紫褐色，有蜂窝纹。

花期4月，果期5月。

用途： 嫩叶供蔬菜用，为我国最普遍蔬菜之一，种子可榨油，即菜籽油。

位置： 路边草地偶见有栽培及逃逸为野生者。

春寒料峭中，或铺天盖地，或篱落稀疏，嫩黄的油菜花总是给我们带来春天的希望、暖意和无限趣味。这小小的青菜既是乾隆皇帝心头"黄萼裳裳绿叶稠，千村欣卜榨新油"的资民生计所系，也是诗人杨万里笔下"儿童急走追黄蝶，飞入菜花无处寻"的盎然春意所在，更是我们家常味道中最难舍的那一抹苍翠。

（张淑萍）

jì
荠 （《名医别录》）

荠菜（通称），菱角菜（广东广州）

十字花科荠属

***Capsella bursa-pastoris* (L.) Medik.**

shepherd's purse

特征： 一年生或二年生草本，高 (7-) 10-50厘米，无毛、有单毛或分叉毛；茎直立，单一或从下部分枝。基生叶丛生呈莲座状，大头羽状分裂，长可达12厘米，宽可达2.5厘米，顶裂片卵形至长圆形，侧裂片3-8对，长圆形至卵形，浅裂或有不规则粗锯齿或近全缘；茎生叶窄披针形或披针形，基部箭形，抱茎，边缘有缺刻或锯齿。总状花序顶生及腋生，果期延长达20厘米；萼片长圆形，长1.5-2毫米；花瓣白色，卵形，长2-3毫米，有短爪。短角果倒三角形或倒心状三角形，长5-8毫米，宽4-7毫米，扁平；花柱长约0.5毫米。种子2行，长椭圆形，长约1毫米，浅褐色。

花果期4-6月。

用途： 分布几乎遍及全国。全草入药，有利尿、止血、清热、明目、消积功效；茎叶作蔬菜食用；种子含油20%-30%，属干性油，供制油漆及肥皂用。

位置： 路边草地偶见有栽培及逃逸为野生者。

荠菜有凌寒发鲜、耐寒不屈的品性。陆游赞曰："唯荠天所赐，青青被陵岗。珍美屏盐酪，耿介凌雪霜。"完全就是冬荠菜的真实写照。山东有吃冬荠菜的风俗，这冬荠菜是指经冬生长而于立春时回春的荠菜，它们新生于暮秋，历练过严冬，营养价值最高，清香也最为醇厚。元人谢应芳写有"新年好，有茅柴村酒，荠菜春盘"之句，这荠菜春盘就是最时新的春味。

（图／文 纪 红）

shé méi

蛇 莓 （《名医别录》）

蛇泡草、龙吐珠、三爪风

蔷薇科蛇莓属

***Duchesnea indica* (Andr.) Focke**

India mockstrawberry

特征： 多年生草本；匍匐茎多数，长30-100厘米，有柔毛。三出复叶，小叶片倒卵形至菱状长圆形，长2-3.5(5)厘米，宽1-3厘米，边缘有钝锯齿，两面皆有柔毛，或上面无毛；叶柄长1-5厘米，有柔毛；托叶宿存，贴生于叶柄，窄卵形至宽披针形。花单生于叶腋；直径1.5-2.5厘米；花梗长3-6厘米，有柔毛；萼片卵形，长4-6毫米；副萼片倒卵形，长5-8毫米；花瓣倒卵形，长5-10毫米，黄色；雄蕊20-30；心皮多数，离生；花托在果期膨大，海绵质，鲜红色，有光泽，直径10-20毫米，外面有长柔毛。瘦果卵形，长约1.5毫米，光滑或具不显明突起，鲜时有光泽。

花期6-8月，果期8-10月。

用途： 全草药用，能散瘀消肿、收敛止血、清热解毒。茎叶捣敷治疗疔疖有特效，亦可敷蛇咬伤、烫伤、烧伤。

位置： 中心校区大成广场（D15）和洪家楼校区图书馆（A16）前花园均有，多生于林下草地，常连成片，形成优势小群落。

　　蛇莓生在潮湿处，成片似锦，缀以鲜红色果实，颇吸引人。但其果儿并不可口，不甜美，亦不多汁，或许是鸟雀蝼蚁的盛宴。当然好事如我者，有时也会忍不住采一捧新鲜的蛇莓果炫耀一番，倒要请鸟雀蝼蚁们恕罪了。

（隗茂杰）

juān máo pú fú wěi líng cài
绢毛匍匐委陵菜 （《名医别录》）

绢毛细蔓萎陵菜（《秦岭植物志》），

金金棒、金棒锤、五爪龙（陕西）

蔷薇科委陵菜属

***Potentilla reptans* var. *sericophylla* Franch.**

creeping cinquefoil

特征： 为匍匐委陵菜的变种。多年生匍匐草本。根多分枝，常具纺锤状块根。匍匐枝长20-100厘米，节上生不定根。叶为三出掌状复叶，边缘两个小叶浅裂至深裂，小叶下面及叶柄伏生绢状柔毛。单花自叶腋生或与叶对生，花梗长6-9厘米，被疏柔毛；花直径1.5-2.2厘米；萼片卵状披针形，顶端急尖，副萼片长椭圆形或椭圆披针形，顶端急尖或圆钝，与萼片近等长，外面被疏柔毛，果时显著增大；花瓣黄色，宽倒卵形，顶端显著下凹，比萼片稍长；花柱近顶生，基部细，柱头扩大。瘦果黄褐色，卵球形，外面被显著点纹。

花果期4-9月。

用途： 块根供药用，能收敛解毒，生津止渴，也作利尿剂。全草入药，有发表、止咳作用；鲜品捣烂外敷，可治疮疖。

位置： 中心校区大成广场（D15）、稷下广场（D6）和洪家楼校区图书馆（A16）前花园均有，多生于林下草地，常成片密集生长。

　　识花攻略：绢毛匍匐委陵菜和蛇莓较为相似，但二者分属于委陵菜属和蛇莓属，叶和果明显不同。绢毛匍匐委陵菜的三出复叶的边缘两个小叶又深裂，看起来像五出复叶，小叶非常柔软；瘦果着生在干燥的花托上。蛇莓的叶为典型三出复叶，小叶略厚；瘦果着生在鲜红色的膨大的海绵质花托上。

shǔ kuí
蜀 葵 （《尔雅》《嘉祐本草》《图考》）

淑气（蜀季、舌其、暑气、蜀芪、树茄）花（通称），一丈红（陕西、贵州），麻杆花（河南），斗蓬花（陕西）

锦葵科蜀葵属

***Althaea rosea* (L.) Cav.**

hollyhock

特征： 二年生直立草本，高可达 2 米，茎枝密被刺毛。叶近圆心形，直径 6-16 厘米，掌状 5-7 浅裂或波状棱角，上面疏被星状柔毛，下面被星状长硬毛或绒毛。花腋生，排列成总状花序式，具叶状苞片；小苞片杯状，常 6-7 裂；萼钟状，直径 2-3 厘米，5 齿裂，裂片卵状三角形，长 1.2-1.5 厘米，密被星状粗硬毛；花大，直径 6-10 厘米，有红、紫、白、粉红、黄和黑紫等色，单瓣或重瓣，花瓣倒卵状三角形，长约 4 厘米，爪被长髯毛；单体雄蕊，雄蕊柱长约 2 厘米，花丝纤细，花药黄色。果盘状，被短柔毛，分果爿近圆形，具纵槽。

花期 2-8 月。

用途： 原产我国西南地区，世界各国均有栽培供观赏用。全草入药，有清热止血、消肿解毒之功，治吐血、血崩等症。茎皮含纤维可代麻用。

位置： 中心校区院士楼（A50）后，电教楼（A35）北门西侧草地有成片生长。

　　对蜀葵花，宋人杨巽斋诗曰："红白青黄弄浅深，旃分幢列自成阴，但疑承露矜殊色，谁识倾阳无二心。"宋人韩琦诗曰："炎天花尽歇，锦绣独成林，不入当时眼，其如向日心。"好喜欢蜀葵花的这份向阳品质啊。

（纪红）

zǎo kāi jǐn cài

早 开 堇 菜 （《东北师范大学科学研究通报》）

光瓣堇菜（《静生生物调查所汇报》）

堇菜科堇菜属

***Viola prionantha* Bunge**

serrate violet

特征： 多年生草本，无地上茎。叶多数，均基生；叶片在花期呈长圆状卵形、卵状披针形或狭卵形；果期叶片显著增大，三角状卵形；叶柄上部有狭翅。花大，紫堇色或淡紫色，直径1.2-1.6厘米；花梗较粗壮，在近中部处有2枚线形小苞片；萼片披针形或卵状披针形；花瓣5，异形，上方花瓣倒卵形，向上方反曲，侧方花瓣长圆状倒卵形，下方花瓣连距，距长5-9毫米，粗1.5-2.5毫米；雄蕊5，花丝极短，花药环生于雌蕊周围；子房长椭圆形。蒴果长椭圆形，常具宿存的花柱。种子多数，卵球形，深褐色常有棕色斑点。

花果期4月上中旬至9月。

用途： 全草供药用，能清热解毒，除脓消炎；捣烂外敷可排脓、消炎、生肌。本种花形较大，是一种美丽的早春观赏植物。

位置： 中心校区3号学生宿舍（A13）前和洪家楼校区1号楼（A3，原政管楼）北花园林下有成片生长。

紫英出蕨薇，振翅不欲飞。点点难拾萃，散入春草堆。

（张淑萍）

zǐ huā dì dīng

紫花地丁 （《本草纲目》）

辽堇菜(《中国植物图鉴》)，野堇菜(《东北师范大学科学研究通报》)，
光瓣堇菜（《中国高等植物图鉴》）

堇菜科堇菜属

Viola philippica Cav.

purpleflower violet

特征： 多年生草本，无地上茎。叶多数，基生，莲座状；叶片下部者通常较小，呈三角状卵形或狭卵形，上部者较长，呈长圆形、狭卵状披针形或长圆状卵形；叶柄上部具极狭的翅，上部具较宽之翅。花中等大，紫堇色或淡紫色；花梗细弱，中部附近有2枚线形小苞片；萼片卵状披针形或披针形，边缘具膜质白边；花瓣5，花瓣倒卵形或长圆状倒卵形，侧方花瓣长1-1.2厘米，下方花瓣连距长1.3-2厘米；距细管状，长4-8毫米；雄蕊5，花药环生于雌蕊周围；子房卵形，花柱棍棒状，柱头三角形。蒴果长圆形，长5-12毫米；种子卵球形，淡黄色。

花果期4月中下旬至9月。

用途： 全草供药用，清热解毒，凉血消肿。嫩叶可作野菜。早春观赏花卉。

位置： 各校区均有，多生于林下草地，常与早开堇菜伴生。

识花攻略：紫花地丁和早开堇菜较难分辨，但掌握其关键差异也不难。紫花地丁花期略晚，花色深紫，萼片附属物圆滑或截形，叶片较狭窄，长圆形或狭卵状披针形；早开堇菜花期较早，花色浅紫，萼片附属物有齿，叶片较宽，长圆状卵形至三角状卵形。

tiān hú suī

天 胡 荽 （《中国高等植物图鉴》）

石胡荽（《四声本草》），鹅不食草（《食性本草》），细叶钱凿口（梅县），小叶铜钱草（安徽休宁）

伞形科天胡荽属

***Hydrocotyle sibthorpioides* Lam.**

lawn pennywort

特征：多年生草本，有气味。茎细长而匍匐，平铺地上成片，柔软。叶片膜质至草质，圆形或肾圆形，长0.5-1.5厘米，宽0.8-2.5厘米，不分裂或5-7裂，裂片阔倒卵形，边缘有钝齿；托叶略呈半圆形，薄膜质。伞形花序与叶对生，单生于节上；小总苞片卵形至卵状披针形，膜质，有黄色透明腺点；小伞形花序有花5-18，花无柄或有极短的柄，花瓣卵形，长约1.2毫米，绿白色，有腺点；花丝与花瓣同长或稍超出，花药卵形；花柱长0.6-1毫米。果实略呈心形，两侧扁压，中棱在果熟时极为隆起，成熟时有紫色斑点。

花果期4-9月。

用途：全草入药，清热、利尿、消肿、解毒，治黄疸、赤白痢疾、目翳、喉肿、痈疽疔疮、跌打瘀伤。

位置：中心校区大成广场（D15）西北角林下草地有成片生长。

ā lā bó pó pó nà
阿拉伯婆婆纳 （《中国高等植物图鉴》）

波斯婆婆纳（《江苏南部种子植物手册》）

玄参科婆婆纳属

Veronica persica Poir.

Arab speedwell

特征： 铺散多分枝草本。叶 2-4 对（腋内生花的称苞片），具短柄，卵形或圆形，长 6-20 毫米，宽 5-18 毫米，基部浅心形、平截或浑圆，边缘具钝齿，两面疏生柔毛。总状花序很长；苞片互生，与叶同形且几乎等大；花萼裂片卵状披针形，有睫毛，三出脉；花冠蓝色、紫色或蓝紫色裂片卵形至圆形，喉部疏被毛；蒴果肾形，被腺毛，成熟后几无毛，网脉明显，花柱宿存。

花期 3-5 月。

用途： 原产于亚洲西部及欧洲，为归化的路边及荒野杂草。作为地被植物，有一定观赏性。

位置： 各校区均有，多生于路边或林下草地。中心校区大成广场（D15）、邵逸夫科学馆（A39）前林下草地常成小片生长。

dì huáng
地 黄 （《中国药用植物志》）

生地

玄参科地黄属

***Rehmannia glutinosa* (Gaertn.) Libosch. ex Fisch. et C. A. Mey.**
adhesive rehmannia

特征： 草本，密被灰白色多细胞长柔毛和腺毛。根茎肉质，鲜时黄色。叶通常在茎基部集成莲座状，向上缩小成苞片，或在茎上互生；叶片卵形至长椭圆形，长2-13厘米，宽1-6厘米。花在茎顶部略排列成总状花序，或几全部单生叶腋而分散在茎上；萼长1-1.5厘米，密被多细胞长柔毛和白色长毛；萼齿5枚，矩圆状披针形或卵状披针形抑或多少三角形；花冠长3-4.5厘米；花冠筒多少弓曲，外面紫红色，被多细胞长柔毛；花冠裂片，5枚，内面黄紫色，外面紫红色，两面均被多细胞长柔毛；雄蕊4枚，2强；子房幼时2室，老时隔膜撕裂而成1室；花柱顶部扩大成2枚片状柱头。蒴果卵形至长卵形。

花果期4-7月。

用途： 根茎药用，依照炮制方法在药材上分为：鲜地黄、生地黄与熟地黄，性味、功效亦不相同。

位置： 各校区均有，路边草地向阳处常见，常成小片生长。

tōng quán cǎo

通泉草 （《广州植物志》）

玄参科通泉草属

Mazus japonicus (Thunb.) O. Kuntze

Japan mazus

特征：一年生草本，高3-30厘米。茎1-5支或更多，直立，上升或倾卧状上升，着地部分节上常能长出不定根，分枝多而披散。基生叶有时成莲座状或早落，倒卵状匙形至卵状倒披针形，基部下延成带翅的叶柄；茎生叶对生或互生，少数。总状花序生于茎、枝顶端，常在近基部即生花，伸长或上部成束状，通常3-20朵，花疏稀；花萼钟状，花期长约6毫米，果期多少增大，萼片与萼筒近等长，卵形；花冠白色、紫色或蓝色，二唇形，上唇裂片卵状三角形，下唇中裂片较小，稍突出，倒卵圆形；子房无毛。蒴果球形；种子黄色。

花果期4-10月。

位置：中心校区大成广场（Dl5）梅花树下草地潮湿处常见。

pú gōng yīng

蒲公英 （《唐本草》）

蒙古蒲公英、黄花地丁、婆婆丁、灯笼草（湖北），姑姑英（内蒙古）

菊科蒲公英属

***Taraxacum mongolicum* Hand.-Mazz.**

mongol dandelion

特征： 多年生草本。根圆柱状，黑褐色，粗壮。叶倒卵状披针形、倒披针形或长圆状披针形，边缘有时具波状齿或羽状深裂，有时倒向羽状深裂或大头羽状深裂。花葶1至数个，密被蛛丝状白色长柔毛；头状花序直径约30-40毫米；总苞钟状，淡绿色；总苞片2-3层，外层总苞片卵状披针形或披针形，基部淡绿色，上部紫红色；内层总苞片线状披针形，先端紫红色；舌状花黄色，舌片长约8毫米，宽约1.5毫米，边缘花舌片背面具紫红色条纹，花药和柱头暗绿色。瘦果倒卵状披针形，暗褐色，喙长，纤细；冠毛白色。

花期4-9月，果期5-10月。

用途： 嫩茎叶可食，干制可代茶饮。全草药用，可清热解毒、消肿散结。

位置： 各校区均有，林下和路边草地多见。

《本草纲目》释名蒲公英为黄花地丁，称其"四时常有花，花罢飞絮，絮中有子，落处即生"。嗯，花罢飞絮，从年少到现在，每次遇见一杆儿蒲公英种子绒球，依然会不自觉地凑近去吹飞，看着那一柄柄小伞随风飘远，心里总有莫名的快乐。

（图/文 纪红）

huáng ān cài

黄鹤菜 （《中国高等植物图鉴》）

菊科黄鹤菜属

***Youngia japonica* (L.) DC.**

Japanese youngia

特征： 一年生草本，高10-100厘米。茎单生或少数茎成簇生，顶端伞房花序状分枝或下部有长分枝，下部被稀疏的皱波状长或短毛。基生叶全形倒披针形、椭圆形、长椭圆形或宽线形，大头羽状深裂或全裂，侧裂片3-7对，椭圆形，向下渐小，最下方的侧裂片耳状；无茎叶或极少有1-2枚茎生叶，且与基生叶同形并等样分裂；全部叶及叶柄被皱波状长或短柔毛。头花序含10-20枚舌状小花，少数或多数在茎枝顶端排成伞房花序。总苞圆柱状；总苞片4层，外层及最外层极短，宽卵形或宽形，内层及最内层长，披针形。舌状小花黄色，花冠管外面有短柔毛。瘦果纺锤形，压扁，褐色或红褐色。冠毛糙毛状。

花果期4-10月。

用途： 全草入药，清热解毒，通结气，利咽喉。

位置： 各校区均有，路边和林下草地常见。

识花攻略：黄鹌菜和蒲公英的基生叶颇为相似，但黄鹌菜的花葶高而长，花葶上头状花序多而小；蒲公英的花葶矮而短，花葶上头状花序少而大。抓住这两点，还是很好分辨的。

gǒu wěi cǎo

狗尾草 （《中国主要植物图说·禾本科》）

禾本科狗尾草属

Setaria viridis **(L.) Beauv.**
green bristlegrass

特征： 一年生草本。秆直立或基部膝曲，高 10-100 厘米。叶鞘松弛，边缘具较长的密绵毛状纤毛；叶舌极短，缘有长 1-2 毫米的纤毛；叶片扁平，长三角状狭披针形或线状披针形，长 4-30 厘米，宽 2-18 毫米，边缘粗糙。圆锥花序紧密呈圆柱状或基部稍疏离，主轴被较长柔毛，长 2-15 厘米，宽 4-13 毫米，刚毛长 4-12 毫米，粗糙或微粗糙，通常绿色或褐黄到紫红或紫色；小穗 2-5 个簇生于主轴上或更多的小穗着生在短小枝上，椭圆形，铅绿色；第一颖卵形、宽卵形，长约为小穗的 1/3，具 3 脉；第二颖几与小穗等长，椭圆形，具 5-7 脉；第一外稃与小穗第长，具 5-7 脉；第二外稃椭圆形，顶端钝，具细点状皱纹，边缘内卷，狭窄；鳞被楔形，顶端微凹；花柱基分离。颖果灰白色。
花果期 5-10 月。

用途： 秆、叶可作饲料，也可入药；全草加水煮沸 20 分钟后，滤出液可喷杀菜虫；小穗可提炼糠醛。

位置： 各校区均有，为夏季常见杂草，多生于路边草地或灌丛间隙。

hǔ zhǎng

虎 掌 （《神农本草经》）

掌叶半夏（四川、河北），麻芋果（贵州余安），天南星（河南商城），狗爪半夏（湖北巴东、四川），南星（四川武平）

天南星科半夏属

Pinellia pedatisecta Schott

rhizoma pinelliae

特征：草本，块茎近圆球形，直径可达4厘米，根密集，肉质，长5-6厘米；块茎四旁常生若干小球茎。叶1-3或更多，叶柄淡绿色，长20-70厘米，下部具鞘；叶片鸟足状分裂，裂片6-11，披针形，渐尖，基部渐狭，楔形，中裂片长，两侧裂片依次渐短小。花序柄长20-50厘米，直立。佛焰苞淡绿色，管部长圆形，向下渐收缩；檐部长披针形，锐尖。肉穗花序：雌花序长1.5-3厘米；雄花序长5-7毫米；附属器黄绿色，细线形，直立或略呈"S"形弯曲。浆果卵圆形，绿色至黄白色，小，藏于宿存的佛焰苞管部内。

花期6-7月，果9-11月成熟。

用途：块茎供药用，《神农本草经》载"虎掌味苦温；主心痛，寒热结气，积聚伏梁，伤筋痿拘缓，利水道"；《名医别录》称"虎掌微寒，有大毒"。

位置：洪家楼校区图书馆（A16）前花园林下草地或灌丛间隙夏季多见。

yā zhí cǎo

鸭 跖 草 （《中国高等植物图鉴》）

鸭跖草科鸭跖草属

***Commelina communis* L.**

dayflower

特征： 一年生披散草本。茎匍匐生根，多分枝，长可达1米。叶披针形至卵状披针形，长3-9厘米，宽1.5-2厘米。总苞片佛焰苞状，有1.5-4厘米的柄，与叶对生，折叠状，展开后为心形，边缘常有硬毛；聚伞花序，下面一枝仅有花1朵，具长8毫米的梗，不孕；上面一枝具花3-4朵，具短梗，几乎不伸出佛焰苞。花梗花期长仅3毫米，果期弯曲，长不过6毫米；萼片膜质，长约5毫米，内面2枚常靠近或合生；花瓣深蓝色；内面2枚具爪，长近1厘米。蒴果椭圆形，长5-7毫米，2室，2片裂，有种子4颗。种子长2-3毫米，棕黄色。

花期5-9月，果期6-11月。

用途： 药用，为消肿利尿、清热解毒之良药。

位置： 中心校区图书馆（A31）东后花园的西南角林下有成片生长。

bān zhǒng cǎo

斑 种 草

紫草科斑种草属

Bothriospermum chinense Bunge

Bothriospermum herb

特征： 一年生草本，高 20-30 厘米，密生开展或向上的硬毛。茎数条丛生，直立或斜升。基生叶及茎下部叶具长柄，匙形或倒披针形，边缘皱波状或近全缘，上下两面均被基部具基盘的长硬毛及伏毛，茎中部及上部叶无柄，长圆形或狭长圆形，长 1.5-2.5 厘米，宽 0.5-1 厘米，上面被向上贴伏的硬毛，下面被硬毛及伏毛。花序长 5-15 厘米，具苞片；苞片卵形或狭卵形；花萼长 2.5-4 毫米，外面密生向上开展的硬毛及短伏毛，裂片披针形，裂至近基部；花冠淡蓝色，长 3.5-4 毫米，檐部直径 4-5 毫米，裂片圆形；花药卵圆形或长圆形，花丝极短，着生花冠筒基部以上 1 毫米处；花柱短，长约为花萼 1/2。小坚果肾形，长约 2.5 毫米，有网状皱折及稠密的粒状突起，腹面有椭圆形的横凹陷。

花期 4-6 月。

位置： 各校区均有，多野生于林下草地。

shǎo yào

芍 药 （《植物分类学报》）

毛茛科芍药属

***Paeonia lactiflora* Pall.**

peony

特征： 多年生草本。根粗壮，分枝黑褐色。茎高 40-70 厘米，无毛。下部茎生叶为二回三出复叶，上部茎生叶为三出复叶；小叶狭卵形、椭圆形或披针形，边缘具白色骨质细齿，背面沿叶脉疏生短柔毛。花数朵，生茎顶和叶腋，有时仅顶端一朵开放，而近顶端叶腋处有发育不好的花芽，直径 8-11.5 厘米；苞片 4-5，披针形，大小不等；萼片 4，宽卵形或近圆形，长 1-1.5 厘米，宽 1-1.7 厘米；花瓣 9-13，倒卵形，长 3.5-6 厘米，宽 1.5-4.5 厘米，白色，栽培者多色，有时基部具深紫色斑块；花丝长 0.7-1.2 厘米，黄色；花盘浅杯状，包裹心皮基部；心皮 4-5（2），无毛。蓇葖长 2.5-3 厘米，直径 1.2-1.5 厘米，顶端具喙。

花期 5-6 月；果期 8 月。

用途： 根药用，称"白芍"，能镇痛、镇痉、祛瘀、通经；种子含油量约 25%，供制皂和涂料用。

位置： 中心校区邵逸夫科学馆（A39）前花园有种植，与牡丹混植。

  中心校区的牡丹园里，粉红、紫红、玫红，芍药的花色真不算少，红芍药居多。我最喜欢那两株纯白色的芍药花，那么的出类拔萃，显示出一种不同流俗的高风亮节，又像春风少年的一份清白心事，纯净美好得不自持不自知。

（纪红）

bái chē zhóu cǎo
白 车 轴 草 （《重要牧草栽培》）

白三叶、荷兰翘摇（俗名）
豆科车轴草属

***Trifolium repens* L.**
white clover, white trefoil

特征： 短期多年生草本，生长期达5年，高10-30厘米。主根短，侧根和须根发达。茎匍匐蔓生，上部稍上升，节上生根。掌状三出复叶；托叶卵状披针形，膜质，基部抱茎成鞘状；小叶倒卵形至近圆形，长8-20（30）毫米，宽8-16（25）毫米。花序球形，顶生，直径15-40毫米；总花梗甚长，比叶柄长近1倍，具花20-50（80）朵，密集；苞片披针形，膜质，锥尖；花长7-12毫米；花梗比花萼稍长或等长，开花立即下垂；萼钟形，萼齿5，披针形，稍不等长；花冠白色、乳黄色或淡红色，具香气。旗瓣椭圆形，比翼瓣和龙骨瓣长近1倍，龙骨瓣比翼瓣稍短；子房线状长圆形，花柱比子房略长，胚珠3-4粒。荚果长圆形；种子通常3粒。种子阔卵形。

花果期5-10月。

用途： 本种原产欧洲和北非，我国广泛引种作草坪和牧草。茎叶含丰富的蛋白质和矿物质，抗寒耐热，可作为绿肥、护岸和草坪草种，以及蜜源和药材等用。

位置： 中心校区春风园（D8）草地有栽培，亦有逸为野生的散生植株见于路边草地。

mǐ kǒu dài
米口袋

米布袋（《救荒本草》、河北），紫花地丁（《本草纲目》），地丁，多花米口袋（俗名）
豆科米口袋属

***Gueldenstaedtia verna* (Georgi) Boriss.**
multiflora Gueldenstaedtia

特征： 多年生草本。分茎极缩短，叶及总花梗于分茎上丛生。托叶宿存，外面密被白色长柔毛；叶在早春时长仅2-5厘米，夏秋间可长达15厘米，早生叶被长柔毛；羽状复叶，小叶7-21片，椭圆形到长圆形，卵形到长卵形，有时披针形，顶端小叶有时为倒卵形，长（4.5）10-14（25）毫米，宽（1.5）5-8（10）毫米。伞形花序有2-6朵花；总花梗被长柔毛；苞片三角状线形；花萼钟状，被贴伏长柔毛，上2萼齿最大，下3萼齿较小，最下一片最小；花冠紫堇色，旗瓣倒卵形，基部渐狭成瓣柄，翼瓣斜长倒卵形，具短耳，倒卵形；子房椭圆状，密被贴服长柔毛，花柱顶端膨大成圆形柱头。荚果圆筒状，长17-22毫米，直径3-4毫米，被长柔毛；种子三角状肾形，具凹点。

花期4月；果期5-6月。

用途： 在我国东北、华北，全草做为紫花地丁入药。

位置： 各校区均有，多散生于阳光充足的路边草地。

dì shāo guā

地梢瓜 （《救荒本草》）

地梢花（《江苏南部种子植物手册》），女青（《本草新注》）
萝藦科鹅绒藤属

Cynanchum thesioides **(Freyn) K. Schum.**
thesionlike mosquitotrap

特征： 直立半灌木；地下茎单轴横生；茎自基部多分枝。叶对生或近对生，线形，长3-5厘米，宽2-5毫米，叶背中脉隆起。伞形聚伞花序腋生；花萼外面被柔毛；花冠绿白色；副花冠杯状，裂片三角状披针形，渐尖，高过药隔的膜片。蓇葖纺锤形，先端渐尖，中部膨大，长5-6厘米，直径2厘米；种子扁平，暗褐色，长8毫米；种毛白色绢质，长2厘米。
　　花期5-8月，果期8-10月。

用途： 全株含橡胶1.5%，树脂3.6%，可作工业原料；幼果可食。

位置： 各校区均有，多生于林下草地，茎叶形态变异大，茎上端常缠绕。

fù dì cài
附地菜 （《植物名实图考》）

地胡椒（贵州）
紫草科附地菜属

***Trigonotis peduncularis* (Trevis.) Benth. ex Baker et Moore**
pedunculate trigonotis

特征： 一年生或二年生草本。茎通常多条丛生，密集铺散，基部多分枝，被短糙伏毛。基生叶呈莲座状，叶片匙形，长2-5厘米，两面被糙伏毛，茎上部叶长圆形或椭圆形。花序生茎顶，幼时卷曲，后渐次伸长，长5-20厘米，只在基部具2-3个叶状苞片；花梗短，花后伸长至3-5毫米；花萼裂片卵形，长1-3毫米；花冠淡蓝色或粉色，筒部甚短，檐部直径1.5-2.5毫米，裂片平展，倒卵形，喉部附属5，白色或带黄色；花药卵形。小坚果4，斜三棱锥状四面体形，具3锐棱。

早春开花，花期甚长。

用途： 全草入药，能温中健胃，消肿止痛，止血。嫩叶可供食用。花美观，可用于点缀花园。

位置： 各校区均有，常见于林下和路边草地。

cì ér cài

刺 儿 菜 （《植物分类学报》）

大蓟，小蓟，大小蓟，野红花（浙江），大刺儿菜
菊科蓟属

***Cirsium setosum* (Willd.) M. Bied.**

spinegreens, setose thistle

特征： 多年生草本。茎直立，高 30-80（120）厘米。基生叶和中部茎叶椭圆形、长椭圆形或椭圆状倒披针形，上部茎叶渐小，叶缘有细密的针刺。或叶缘有刺齿，齿顶针刺大小不等，或大部茎叶羽状浅裂或半裂或边缘粗大圆锯齿，齿顶及裂片顶端有针刺。头状花序单生茎端，或植株含少数或多数头状花序在茎枝顶端排成伞房花序。总苞卵形、长卵形或卵圆形，直径 1.5-2 厘米。总苞片约 6 层，覆瓦状排列，有短针刺。小花紫红色或白色，雌花花冠长 2.4 厘米，檐部长 6 毫米，两性花花冠长 1.8 厘米，檐部长 6 毫米。瘦果淡黄色，椭圆形或偏斜椭圆形。冠毛污白色，多层，整体脱落；冠毛刚毛长羽毛状。

花果期 5-9 月。

用途： 嫩茎叶可食。全草入药，凉血止血，祛瘀消肿。

位置： 各校区均有，多见于路边和林下草地。

植物知识：刺儿菜虽然其貌不扬，还长满了让人望而生畏的针刺，它的花儿们却粉中带紫，昂扬饱满，着实令人惊艳。用它的嫩叶和豆面做成的小豆腐，清香可口，回味无穷。如果在田间劳作时不小心划破了手，它的汁液还是止血的良药呢。

huā yè diān kǔ cài

花叶滇苦菜 （《植物分类学报》）

断续菊（《中国高等植物图鉴》）
菊科苦苣菜属

Sonchus asper (L.) Hill
prickly sowthistle

特征：一年生草本。根倒圆锥状，褐色。茎直立，高20-50厘米，上部长或短总状或伞房状花序分枝。基生叶与茎生叶同型，但较小；中下部茎叶长椭圆形、倒卵形、匙状或匙状椭圆形，包括渐狭的翼柄长7-13厘米，宽2-5厘米，基部渐狭成短或较长的翼柄，柄基耳状抱茎；上部茎叶披针形，基部扩大，圆耳状抱茎。或下部叶或全部茎叶羽状浅裂、半裂或深裂，侧裂片4-5对椭圆形、三角形、宽镰刀形或半圆形。全部叶及裂片与抱茎的圆耳边缘有尖齿刺。头状花序少数（5个）或较多（10个），在茎枝顶端排成稠密的伞房花序。总苞宽钟状；总苞片3-4层，向内层渐长，覆瓦状排列，外层长披针形或长三角形，中内层长椭圆状披针形至宽线形。舌状小花黄色。瘦果倒披针状，褐色，压扁，两面各有3条细纵肋。冠毛白色，柔软，彼此纠缠，基部连合成环。

花果期5-10月。

位置：各校区均有，路边草地常见。

shān mài dōng

山麦冬

百合科山麦冬属

***Liriope spicata* (Thunb.) Lour.**

creeping liriope

特征：多年生草本，植株有时丛生。根稍粗，有时分叉多，近末端处常膨大成矩圆形、椭圆形或纺锤形的肉质小块根；根状茎短，木质，具地下走茎。叶长25-60厘米，宽4-6（8）毫米，先端急尖或钝，基部常包以褐色的叶鞘，边缘具细锯齿。花葶通常长于或几等长于叶，少数稍短于叶，长25-65厘米；总状花序长6-15（20）厘米，具多数花；花通常（2）3-5朵簇生于苞片腋内；苞片小，披针形，干膜质；花被片矩圆形、矩圆状披针形，长4-5毫米，先端钝圆，淡紫色或淡蓝色；花丝长约2毫米；花药狭矩圆形；子房近球形，花柱稍弯，柱头不明显。种子近球形，直径约5毫米。

花期5-7月，果期8-l0月。

用途：为广泛栽培的观赏植物，常用作林下观叶观花地被。

位置：中心校区和洪家楼校区路边林下多有栽培，用作地被，可观叶观花。

一簇簇细长的绿叶勾勒出灵动的弧线，山麦冬紫色的穗状小花装点其间，搭配出属于自己的俏皮可爱。待到花谢，取而代之的是绿色的球状小果，成熟时又渐渐转为黑色，像是一颗颗圆宝石镶嵌在绿叶丛中。

（陈钰）

dà huā mǎ chǐ xiàn
大花马齿苋 （《中国高等植物图鉴》）

半支莲（《植物学大辞典》），松叶牡丹，龙须牡丹，金丝杜鹃，洋马齿苋，太阳花，午时花
马齿苋科马齿苋属

***Portulaca grandiflora* Hook.**
bigflower purslane

特征： 一年生草本，高 10-30 厘米。茎平卧或斜升，紫红色，多分枝，节上丛生毛。叶密集枝端，较下的叶分开，不规则互生，叶片细圆柱形，有时微弯，长 1-2.5 厘米，直径 2-3 毫米。花单生或数朵簇生枝端，直径 2.5-4 厘米，日开夜闭；总苞 8-9 片，叶状，轮生，具白色长柔毛；萼片 2，淡黄绿色，卵状三角形，长 5-7 毫米，多少具龙骨状凸起；花瓣 5 或重瓣，倒卵形，顶端微凹，长 12-30 毫米，红色、紫色或黄白色；雄蕊多数，长 5-8 毫米，花丝紫色，基部合生；花柱与雄蕊近等长，柱头 5-9 裂，线形。蒴果近椭圆形，盖裂；种子细小，多数，圆肾形，铅灰色、灰褐色或灰黑色，有珍珠光泽。

花期 6-9 月，果期 8-11 月。

用途： 原产巴西。我国公园、花圃常作为观赏草花栽培。全草可供药用，有散瘀止痛、清热、解毒消肿功效，用于咽喉肿痛、烫伤、跌打损伤、疮疖肿毒。

位置： 中心校区稷下广场（D6）路边和洪家楼校区自由路（B2）花坛有种植。

植物知识：大花马齿苋花大艳丽，花色多变，耐干旱，扦插、播种均易成活，是庭园绿化的常用草花。但是，使用中也要注意防止其逃逸到野生环境，成为威胁本地植物多样性的入侵种。

yī nián péng
一年蓬 （《江苏南部种子植物手册》）

千层塔（江西），治疟草、野蒿（江苏）

菊科飞蓬属

***Erigeron annuus* (L.) Pers.**

annual fleabane

特征： 一年生或二年生草本，高30-100厘米，茎直立。上部有分枝，下部被开展的长硬毛，上部被较密的上弯的短硬毛。基部叶花期枯萎，长圆形或宽卵形，少有近圆形，基部狭成具翅的长柄，下部叶与基部叶同形，但叶柄较短，中部和上部叶较小，长圆状披针形或披针形，最上部叶线形。头状花序数个或多数，排列成疏圆锥花序，总苞半球形，总苞片3层，披针形，近等长或外层稍短，背面密被腺毛和疏长节毛；外围的雌花舌状，2层，上部被疏微毛，舌片平展，白色，花柱分枝线形；中央的两性花管状，黄色，檐部近倒锥形；瘦果披针形，扁压，被疏贴柔毛；冠毛异形，雌花的冠毛极短，膜片状连成小冠，两性花的冠毛2层，外层鳞片状，内层为10-15条的刚毛。

花期6-9月。

用途： 原产北美洲，在我国已驯化。全草可入药，有治疟的良效。

位置： 各校区均有，路边草地常见。

"飞蓬各自远，且尽手中杯。"这是李白借飞蓬之意抒发对知交杜甫的男儿深情。飞蓬成熟后随风飘零的图景不合诠释李白一向阔达的思绪和他酣畅的豪情，而应是花朵圆满、绿叶青葱、阳光沉醉的自然意境。但是，即使来日山高水阔知无处，当时当刻，也请你记着我"霁月光风照玉堂"的形象，只因，人生得一知己足矣。

(纪红)

yù   zān
玉 簪

百合科玉簪属

***Hosta plantaginea* (Lam.) Asch.**
fragrant plantainlily

特征： 草本，根状茎粗厚。叶卵状心形、卵形或卵圆形，长14-24厘米，宽8-16厘米，基部心形，具6-10对侧脉。花葶高40-80厘米，具几朵至十几朵花；花的外苞片卵形或披针形，长2.5-7厘米，宽1-1.5厘米；内苞片很小；花单生或2-3朵簇生，长10-13厘米，白色或淡紫色，芳香；雄蕊与花被近等长或略短，基部贴生于花被管上。蒴果圆柱状，有三棱，长约6厘米。

花果期7-10月。

用途： 全草供药用。花清咽、利尿、通经，亦可供蔬食或作甜菜，但须去掉雄蕊。根、叶有小毒，外用治乳腺炎、中耳炎、疮痈肿毒、溃疡等。

位置： 中心校区老化学楼（A30）西头路边和洪家楼校区图书馆（A16）西花园林下有栽培。

　　我特喜欢玉簪花种在窗前的一种意味，在夜深人静之时品味玉簪花的冉冉清香，心静意净中，那岂止是潇洒潇洒，分明是谪仙般的美意啊。

（纪红）

bái yīng

白英 （《植物名实图考》）

山甜菜（《植物实名图考》），蔓茄（陕西丹凤），北风藤（四川南川），白英（浙江杭州，白英之误），生毛鸡屎藤（广东云浮）

茄科茄属

Solanum lyratum Thunb.

nightshade

特征： 草质藤本，长0.5-1米，茎及小枝均密被具节长柔毛。叶互生，多数为琴形，长3.5-5.5厘米，宽2.5-4.8厘米，基部常3-5深裂，两面均被白色发亮的长柔毛。聚伞花序顶生或腋外生，疏花，花梗长，顶端稍膨大，基部具关节；萼环状，直径约3毫米，萼齿5枚，圆形；花冠蓝紫色或白色，直径约1.1厘米，花冠筒隐于萼内，冠檐5深裂，裂片椭圆状披针形，先端被微柔毛；花丝长约1毫米，花药长圆形；子房卵形，花柱丝状，柱头头状。浆果球状，成熟时红黑色，直径约8毫米；种子近盘状，扁平。

花期夏秋，果熟期秋末。

用途： 全草入药，可治小儿惊风。果实能治风火牙痛。

位置： 中心校区大成广场（D15）、图书馆（A31）后林下草地和洪家楼校区河边连翘灌丛下有见。

lóng kuí

龙 葵 （通称）

野辣虎（江苏苏州），野海椒（四川屏山、南川），山辣椒（河北内邱），野茄秧（云南蒙自），小果果（云南河口），天茄菜（贵州）

茄科茄属

***Solanum nigrum* L.**

dragon mellow, black nightshade

特征： 一年生直立草本。叶卵形，长2.5-10厘米，宽1.5-5.5厘米。蝎尾状花序腋外生，由3-6（10）花组成；萼小，浅杯状，直径1.5-2毫米，齿卵圆形，基部两齿间连接处成角度；花冠白色，筒部隐于萼内，冠檐5深裂，裂片卵圆形；花丝短，花药黄色，约为花丝长度的4倍，顶孔向内；子房卵形，花柱中部以下被白色绒毛，柱头小，头状。浆果球形，直径约8毫米，熟时黑色。种子多数，近卵形，两侧压扁。

花果期9-10月。

用途： 全株入药，可散瘀消肿，清热解毒。

位置： 中心校区大成广场（D15）林下草地有见。

mǎ lán
马 兰 （《本草纲目》）

马兰头（《救荒本草》），田边菊，路边菊，鱼鳅串，
蓑衣莲（俗名）
菊科马兰属

***Kalimeris indica* L.**

India horseorchid

特征： 草本，根状茎有匍枝。茎直立，有分枝。基部叶花期枯萎；茎部叶倒披针形或倒卵状矩圆形，基部渐狭成长柄，边缘从中部以上有齿或有羽状裂片，上部叶小，全缘，全部叶稍薄质，中脉在下面凸起。头状花序单生于枝端并排列成疏伞房状。总苞半球形，径6-9毫米；总苞片2-3层，覆瓦状排列；外层倒披针形，内层倒披针状矩圆形。花托圆锥形。舌状花1层，15-20个；舌片浅紫色，长达10毫米，宽1.5-2毫米；管状花长3.5毫米，被短密毛。瘦果倒卵状矩圆形，极扁，褐色。冠毛弱而易脱落，不等长。

花期5-9月，果期8-10月。

用途： 全草药用，有清热解毒，消食积，利小便，散瘀止血之效。幼叶通常作蔬菜食用，俗称"马兰头"。

位置： 中心校区大成广场（D15）西北角草地和公教楼（A38）北侧花园林下有小片生长。

李时珍在《本草纲目》中将马兰释名为紫菊，称其"其叶似兰而大，其花似菊而紫，故名。"这样释名是极好的。特喜欢紫菊之称，纯纯正正的，朴朴实实的，嗯、无你无我无他，就是野野的紫色小菊花。

春夏，细品马兰头的清香味道，秋冬，感受马兰花的凌寒翠色。不经意间，这田野小紫花的芬芳便滋养了宁静、细碎、盈润的寻常时光。

（纪红 张淑萍）

中文名索引
Index to Chinese Names

拉丁名索引
Index to Scientfic Names

主要参考文献

1. 《中国植物志》全文电子版 http://www.iplant.cn/frps.

2. 关克俭、陆定安：《英拉汉植物名称》，科学出版社1963年版。

3. 陈汉斌、郑亦津、李法曾：《山东植物志》（上卷），青岛出版社1990年版。

4. 陈汉斌、郑亦津、李法曾：《山东植物志》（下卷），青岛出版社1997年版。

5. 刘冰：《中国常见植物野外识别手册》（山东册），高等教育出版社2009年版。

植物学习资源

工欲善其事，必先利其器，植物学学习中利用好各种资源和工具，也可以起到事半功倍的效果。

1. 植物智网站群

中国植物学权威信息集大成者。http://www.iplant.cn

2. 微信公众号

中国植物志（权威，专业级）

物种日历（八卦，专业百科级）

笺草释木（文艺，专业有情怀）

植物学园（入门级，大家一起学）

3. 手机应用

花伴侣（识花利器，一拍呈名，权威，也会有蒙错的时候，别介意）

形色（有照片定位功能，可发现附近的花草和花友）

书山有路，草木生光

时维九月，百年山大又迎来新一届莘莘学子。在这收获的季节，《山大草木图志（中心校区和洪家楼校区）》这本书也终于完工。心里有些许激动，但更多是感动和感恩。山东大学中心校区和洪家楼校区都有 60 年以上的历史，校园植物种类丰富，文化底蕴深厚。"书山有路勤为径，学海无涯苦作舟。"春日玉兰的盛放，盛夏法桐的浓荫，深秋银杏的金黄，严冬蜡梅的芬芳，见证了一代代山大人的求学治学之路。欧阳修《喜雨》诗云："川原净如洗，草木自生光。" 而在格物致知、深稽博考的学无止境里，校园草木的光华、灵秀、芬芳、精神，早已浸润在无数学子的浩然之气和品格风骨中。

在山大，有不少前辈、老师和同学对校园植物进行过系统研究，积累了丰富的资料。现已 89 岁高龄的植物分类学教授郑亦津先生在退休之后还多次带领学生认识校园植物，她风趣幽默的风采和严谨求实的学风令人高山仰止。王仁卿教授、孟振农副教授也经常在校园中带同学们辨识植物种类。辛益群副教授还指导本科生刘文亮、刘冰、蔡云飞等同学对中心校区及济南周边的植物进行了调研编目。纪红老师主持的项目 "山大草木月令暨山大草木志" 和她的著作《安知时节好：山东大学二十四节气》赋予了草木以深厚的人文情怀。山大人所有与校园植物相关的工作都为我们编写这本书奠定了基础。

2016 年春到 2017 年夏，我们初步完成了对 200 余种植物的拍摄，并拿出了一个书稿提纲。很快，我们的想法得到了山东大学出版社傅侃老师和生命科学学院郭卫华副院长的大力支持。2017-2019 年间，我们又用单反相机对大部分植物进行了重新拍摄。感受着草木的四时之美，去查阅更多相关的古诗词和传统文化知识，感觉又洞开了一扇窗户。同时，我发现植物还可以点燃科学和文化创造的灵感，所谓"草木关诗律，云烟入画图"，面对同一种植物，不同专业背景的人会问出不同的科学和人文问题，撞击出全新的思想火花。

书中的物种信息均以《中国植物志》全文电子版网站（http://www.iplant.cn/frps）为蓝本，部分物种参考了其他文献。物种特征多以《中国植物志》中的物种描述简化改写，以期提供准确的科学信息。对植物文化部分引用的古诗词也进行了认真核对，力求严谨。

希望这本小书能在传递植物契入人心的自然之美的同时，也能以一种探路者样式引领读者去探索植物的科学奥秘，感受中国植物文化的魅力和力量。让草木的光辉照进更多的心灵，反射出更耀眼的光芒。

本书得以最终完成，得到了很多领导、老师、校友、同事、同学的支持和帮助，细数书页，内心充满感恩。感谢党委宣传部授权使用山东大学中心校区和洪家楼校区手绘地图，感谢杜泽逊教授和王仁卿教授欣然为本书作序，感谢刘冰校友帮助鉴定物种并审阅文稿，感谢程相占教授、张伟教授、姜玉芳校友、刘冰校友力荐此书。也特别感谢生命科学学院领导、同事、同学们给予的鼓励和支持。同时，也感谢校内外热爱植物的朋友们的鼓励和支持。

全书由张淑萍统稿、郭卫华审核，纪红撰写了 30 余种植物的感悟和植物文化内容，并对所有植物文化相关内容进行了审校，隗茂杰参与编写了植物名录、索引、部分植物文化内容和赏花指南，吴雪菡、陈钰撰写了部分物种的感悟和植物文化内容，李庆庆参与编写了校园简介。包诗为、盛伟豪、许志豪参与了初期的版面设计，甘文浩、靳亚琦、张晓政、张廷靖、刘若琳、王蕙参与了编辑排版。最终全书及笔记本的设计排版由王旭完成。书中所用到的植物照片，除特别注明外，均由张淑萍拍摄。

需要说明的是，这本小书只是一群热爱植物和植物文化的学习者的收获和心得，受作者水平所限，书中的错漏之处在所难免，恳请广大读者批评指正。所有对本书内容的意见和建议，可发送到我的邮箱，谢谢！

张淑萍

spzhang@email.sdu.edu.cn

2020 年 9 月 27 日于青岛